"十一五"国家重点图书出版规划

小康家园丛书

U0305689

蔬菜食品加工法

主　编：曾　强　曾美霞

副主编：罗光华　黄　良　黄　刚

编写人员：戴春艳　刘　治　吴朝阳　彭伏良　李济康
　　　　　戴玉泉　聂文斌　周定华　颜社春

湖南科学技术出版社

图书在版编目(CIP)数据

　蔬菜食品加工法/曾强,曾美霞主编.——长沙：湖南科学技术出版社,2010.8
　(小康家园丛书)
　ISBN 978-7-5357-6383-9

　Ⅰ.①蔬…　Ⅱ.①曾…②曾…　Ⅲ.①蔬菜加工
Ⅳ.①TS255.5

中国版本图书馆 CIP 数据核字(2010)第 163267 号

小康家园丛书

蔬菜食品加工法

主　　编:曾　强　曾美霞
责任编辑:彭少富　欧阳建文
出版发行:湖南科学技术出版社
社　　址:长沙市湘雅路 276 号
　　　　　http://www.hnstp.com
邮购联系:本社直销科　0731-84375808
印　　刷:唐山新苑印务有限公司
　　　　　(印装质量问题请直接与本厂联系)
厂　　址:河北省玉田县亮甲店镇杨五侯庄村东 102 国道北侧
邮　　编:064101
出版日期:2017 年 10 月第 1 版第 2 次
开　　本:850mm×1168mm　1/32
印　　张:6.75
字　　数:128000
书　　号:ISBN 978-7-5357-6383-9
定　　价:27.00 元

前　言

随着全国人民生活水平的提高，蔬菜越来越受到众人青睐，它已成为人们一日三餐桌上必不可少的菜肴。据报道，我国蔬菜每年产量达到 4 亿多吨，占世界蔬菜总产量的 60％以上，但是蔬菜生产受地域限制，加上季节性很强，因此，如何实现"旺季不烂"、"淡季不断"的目标，已深为大家所关注。旺季大批蔬菜不能及时运出和销售，导致腐烂变质，不仅给农民兄弟造成巨大的经济损失，还污染了环境。因此，对蔬菜进行有效地加工利用，是提高蔬菜附加值的有效途径。

当今，国际金融危机的影响还在继续，不少外出打工的农民已返回农村，他们需要自谋职业或创业。如果他们能够学会一些简单的农产品加工方法，则可充分利用农村丰富的农产品资源，开展农产品加工。不仅能提高农产品的种植效益，还可调整农村产业结构，增加农民收入。为了能使农民兄弟掌握蔬菜类制品的加工方法，早日踏上致富之路，我们特编写了《蔬菜食品加工法》一书。

本书介绍了瓜类、茄果类、豆类、根菜类、多年生蔬菜、水生蔬菜、绿叶蔬菜、葱蒜类、白菜类和甘蓝类、食用菌类等共240 种蔬菜制品的加工制作方法，不仅品种丰富，加工方法也多种多样，有腌渍、浸泡、干制（包括热风脱水、自然晒制、真空冷冻干燥等不同方法）、酱渍、酱油渍、糖醋渍等。

本书在编写时，文字上力求浅显易懂，制作方法简单，不仅能给农村家庭和农民兄弟创业提供帮助，也适合广大烹饪爱好者

和饮食店参考使用。书中的原料和配方仅供参考，读者可根据自己的喜好加以调整。由于我们水平有限，书中难免有错误和不足之处，请同行及读者批评指正。在此一并对所有参考过的文献资料的编者表示最诚挚的谢意。

编　者

2010 年 6 月

目 录

一、瓜类制品

二、茄果类制品

三、豆类制品

四、根菜类制品

五、多年生蔬菜制品

六、绿叶蔬菜制品

七、葱蒜类制品

八、白菜类和甘蓝类制品

九、水生蔬菜制品

十、食用菌制品

一、瓜类制品

（一）冬瓜条

1. 原料

鲜冬瓜 50 千克，糖粉 2.5 千克，白砂糖 30 千克，石灰 250 克。

2. 工艺流程

原料处理→硬化→烫漂→浸泡→糖浸→糖煮→上糖粉→成品

3. 制作方法

（1）原料处理：选用老熟的鲜冬瓜，去皮及内瓤，剖开切成长 8 厘米、宽 2 厘米的长方条。

（2）硬化：取石灰 250 克，加入 10 千克微温水溶化后，投入切好的瓜条，浸泡 12 小时，捞出漂洗 2～3 次，至干净为止。

（3）烫漂：将 10 千克清水烧开，加入瓜条煮 10 分钟，捞出沥干。

（4）浸泡：将烫漂后的冬瓜放入清水中浸泡 16 小时，使其发酵，加强其对糖液的吸收。

（5）糖浸：将浸泡后的瓜条放入浓度为 30％的糖液中浸泡 12 小时。

（6）糖煮：煮制需分 4 次进行。将瓜条和糖液放入不锈钢锅中烧沸后，将 25 千克白砂糖分 4 次加入煎煮，每次相隔 30 分钟左右。最后一次时间稍长一些，烧沸后将瓜条放入煮制，浓缩至瓜条转硬变固时，即可离火起锅，捞出瓜条。

（7）上糖粉：把瓜条置于放有糖粉的竹笋上拌匀，然后摊开晾晒半天，即为成品。

4. 制品特点

本品粗细均匀，长约 4 厘米，呈白色，条身干爽，表面有糖粉，略硬，甜味纯正，质地滋润，口味清甜，有冬瓜味，无异味，不回潮。

（二）冬瓜脯

1. 原料

鲜冬瓜、白糖、石灰水、亚硫酸钠。

2. 工艺流程

原料选择→去皮→切分→硬化→预煮→糖液浸渍→糖煮→干燥→包糖衣→成品

3. 操作要点

（1）原料选择：一般选用新鲜、完整、肉质致密的冬瓜为原料，成熟度以坚熟为宜。

（2）去皮、切分：将冬瓜表面的泥沙洗净后，用旋皮机或刨刀削去冬瓜皮，然后将其切成块状或长条状。

（3）硬化：将瓜条倒入浓度为 0.5％～1.5％ 的石灰水中，浸泡 8～12 小时，使瓜条质地硬化，至能折断时取出，用清水将石灰水洗净。

（4）预煮：将漂洗干净的瓜条倒入预先煮沸的清水中热烫5～10 分钟，至瓜条透明为止，取出用清水漂洗 3～4 次。

（5）糖液浸渍：将瓜条从清水中捞出、沥干，在浓度为20％～25％ 的糖液中浸渍 8～12 小时；然后将糖液浓度提高到40％，再浸渍 8～12 小时。为防止浸渍时糖液发酵，可在第一次浸渍时加浓度为 0.1％ 左右的亚硫酸钠。

（6）糖煮：将处理好的瓜条称重，每 15 千克瓜条称取12～

13 千克砂糖。先将糖液浓度配制为 50％，放入夹层锅内煮，再倒入瓜条续煮。剩余的糖分 3 次加入，至浓度达 75％～80％时即可出锅。

（7）干燥及包糖衣：冬瓜条经糖煮捞出后即可烘干。烘干后，将其浸入饱和糖液中，取出冷却后包糖衣即成。

4. 产品特点

本品质地清脆，外表洁白，饱满致密，味甘甜，表面有一层白色糖霜。

（三）甜酱冬瓜

1. 原料

冬瓜 5 千克，盐 1 千克，黄酱 1.5 千克，甜面酱 2.5 千克，白砂糖 800 克。

2. 制作方法

（1）冬瓜预处理：将色绿、肉厚、成熟适度、大而长的冬瓜刮去外皮，掏净瓜瓢，切成 4 瓣入缸，用盐腌渍。放一层冬瓜撒一层盐，每天倒缸 1 次，扬汤散热，促使盐粒溶化。腌渍 15 天后，即成冬瓜坯。

（2）切块：将冬瓜坯切成长 3 厘米、宽 1.3 厘米的块。

（3）脱盐：将冬瓜块用水漂洗脱盐（浸泡 24 小时，每 6 小时换水 1 次）。

（4）酱制：捞出冬瓜块，沥去水，入缸。用次酱卤露 3～4 天，每天打扒 3～4 次；再换甜面酱酱制 3～4 天，每天打扒 4 次，出缸。将白糖倒入酱冬瓜的原汤中，在火上熬出汁，均匀地浇在酱冬瓜上即成。

3. 制品特点

本品呈金黄色，有光泽，酱味浓。

（四）冬瓜豆酱

1. 原料

熟冬瓜条 10 千克，豆料 3.5 千克，花椒 50 克，大茴香 50克，干姜 100 克，小茴香 150 克，陈皮 100 克，桂皮 50 克，山梨酸钾 10 克。

2. 制作方法

（1）豆料处理：将黄豆（青豆、黑豆亦可）去霉粒、杂质，放盆中用水泡软，在锅里煮至七八成熟，捞出控去水分，趁热放入瓷盆中，严密封盖（一般用消毒纱布封盖后再蒙上一干净棉垫），置于 20℃左右的室内发酵。当豆粒用手一捏即成糊状时，取出进行搅拌。然后，放日光下或烘房中使其干燥成豆料。干燥时要注意卫生，若用日晒，要在盆上蒙盖纱布。

（2）原料处理：将选好的冬瓜削皮，刮瓤，去子，切成厚1.5 厘米、长 3 厘米左右的长条，放蒸笼内蒸至七成熟，捞出控去水分。

（3）作料加工：将花椒、大茴香、干姜、小茴香、陈皮、桂皮烤干、磨细、过筛，即成作料粉。

（4）制冬瓜豆酱：把制酱瓷缸清洗干净，再用熏硫消毒。将熟冬瓜条、豆料、作料粉放入消好毒的瓷缸内搅拌均匀，然后密封缸口。约 1 个月后即制成冬瓜豆酱。若要制成咸味酱，可在上述配料中再加入适量纯净食盐。

（5）装罐、灭菌：冬瓜豆酱制成后，需要放 0.1％的防腐剂，如山梨酸钾等。盛放冬瓜豆酱的容器一般为瓷罐、小口缸、玻璃瓶等。最后放沸水中煮，灭菌 20 分钟，或用蒸笼蒸 30 分钟，即可上市出售。

3. 制品特点

本品香味浓郁，有祛湿止咳、利尿消结、滋补身体的功效，是菜又是药。该品为山西省运城市的一种传统食品，不仅当地群众爱吃，而且也备受国内外朋友的欢迎。

（五）酱五香冬瓜

1. 原料

冬瓜 10 千克，甜面酱 7 千克，糖精 20 克，五香粉 20 克，食盐 800 克。

2. 制作方法

（1）原料处理：将冬瓜洗净，去蒂、去皮，切成两半，去瓜瓤，切成条。

（2）3 次腌制：按照一层冬瓜一层盐（用盐 300 克）的顺序将冬瓜放入缸内腌制，每日翻动 1 次。3 天后滤去盐液，再一层冬瓜一层盐（用盐 200 克）地放入缸内，每日翻动 1 次。2 天后捞出，滤去盐水后，又一层冬瓜一层盐（用盐 300 克）地放入缸内，压上重石腌制 2 天，每天翻动 1 次。

（3）酱制：将第三次腌制好的冬瓜条从盐水中捞出，稍挤一下水分，放入加有糖精、五香粉的甜面酱中，拌匀，每天搅拌 1 次，7 天左右即为成品。

3. 制品特点

本品色酱红，味香甜。

（六）糖冬瓜

1. 原料

青皮厚肉大冬瓜 1.5～1.6 千克，砂糖 850 克，蚬壳灰 80～100 克。

2. 制作方法

（1）原料处理：将冬瓜去皮去瓤，切成 13 厘米×3 厘米×3 厘米的长条，置于蚬壳灰溶液（蚬壳灰 80～100 克、清水 500

克）浸泡 8～10 小时。之后将其取出洗净，用清水浸泡，每隔 2 小时换水 1 次，约换水 5 次。至冬瓜白色透明便可捞出，用清水煮沸 1 小时，沥干备用。

（2）糖渍：将冬瓜分 6～7 次放入容器，每放一层面上加一层白糖覆盖，用糖量共 400 克，腌渍 48 小时。

（3）煮糖：分 3 次进行，煮糖过程中要翻动。每次糖添加量分别为第一次 130 克，第二次 120 克，第三次 120 克，最后加入白糖粉 80 克。具体操作为：第一次将冬瓜条连同糖液倒入锅中，煮沸 10 分钟后加糖，加糖后再熬煮 1 小时（煮的过程中要去掉糖泡），倒回容器浸渍 4～5 小时。第二次煮糖的方法与第一次相同。第三次煮糖时用慢火熬至糖浆滴在冷水中成珠不散时，迅速取出冬瓜放在沙锅里，加入糖粉，不时翻动拌匀，待冬瓜条表面呈一层白霜时，取出，冷却后即为成品。

3. 制品特点

本品属广式糖冬瓜，入口脆爽，味香甜，为广东人过年食品，家家户户买来待客，孩子们最爱吃。

（七）泡冬瓜

1. 原料

新鲜冬瓜 10 千克，白酒 30 克，一等老盐水 6 千克，干红辣椒 250 克，食盐 200 克，醪糟汁 50 克，红糖 100 克，石灰 250 克，香料包 1 个（香料包配方：花椒 100 克，小茴香 100 克，八角茴香 100 克，桂皮 100 克），大葱 300 克。

2. 工艺流程

原料处理→硬化→泡制→成品

3. 操作要点

（1）原料处理：将冬瓜去皮、去心、去瓤，用竹签戳若干小孔，切成 9 厘米长、6 厘米宽的长方形块。

（2）硬化：于盆中放石灰，加清水调匀，水量以淹没冬瓜为度。放入冬瓜浸渍 1 小时后，捞出在清水中漂洗 0.5 小时。期间换水 2～3 次，透去石灰味，出坯 3 天，捞起，晾干附着的水分。

（3）泡制：将各种原料调匀，装入坛内，装坛时注意装满压实，放入大葱及香料包，盖上坛盖，添足坛沿水，泡制 10 天即成。

4. 产品特点

本品色白味实，质地脆嫩，咸辣微酸。

（八）冬瓜酱

1. 原料

新鲜冬瓜 10 千克，白砂糖 7.5 千克，柠檬酸 30 克。

2. 工艺流程

原料挑选→原料预处理→烫煮→配料→浓缩→装罐、密封→杀菌、冷却→成品

3. 操作要点

（1）原料挑选：选择新鲜、肉质紧密肥厚、成熟度较高的冬瓜。

（2）原料预处理：将冬瓜表面泥沙洗净，用刨刀刨去瓜皮，切块，除去瓜瓤和子，再将瓜切成 4 厘米×1 厘米×1 厘米的瓜条备用。

（3）烫煮：将冬瓜条倒入沸水中烫煮 5～15 分钟，至冬瓜条透明为止。

（4）配料、浓缩：将冬瓜条倒入夹锅中，加入浓度为 75% 的糖浆；再加入已溶好的柠檬酸，使 pH 值（pH 试纸测酸性）调至 3.2 左右；当可溶性固形物含量达到 65% 时，即可出锅。

（5）装罐、密封：先将瓶、盖消好毒，趁热装瓶（酱体温度高于 85℃），迅速封盖。

（6）杀菌、冷却：采用杀菌公式 5－10 分钟/100℃，杀菌后，分段淋水冷却至室温。

4. 产品特点

本品呈淡绿色，有冬瓜风味，酸甜可口，无异味。

（九）低糖冬瓜脯

1. 原料

冬瓜、白砂糖、氢氧化钙（即石灰）、羧甲基纤维素钠、柠檬酸、山梨酸钾。

2. 工艺流程

原料挑选→清洗→去皮、切分→硬化→3 次糖煮、真空渗糖和浸泡→干燥→密封→包装→成品

3. 操作要点

（1）原料挑选：选择皮薄肉厚、肉质致密、表皮光滑、八成熟的冬瓜，农药残留不得超过国家卫生标准。

（2）硬化：将清洗、去皮、切好的冬瓜条（1 厘米×1.5 厘米×3 厘米）立即投入饱和的石灰水中进行处理，然后用清水冲洗 2 小时，以除去残余的石灰水味。

（3）3 次糖煮、真空渗糖和浸泡：第一次糖煮液浓度为 30％，羧甲基纤维素钠为 0.5％，柠檬酸为 0.2％，过胶体磨后，置于不锈钢锅内；放入硬化并冲洗好的冬瓜条，加热至沸腾，然后用小火煮制 5～8 分钟；当料温降至 50℃～60℃时，真空渗糖，真空度为 0.08 兆帕，时间为 20 分钟；然后缓慢放气，在此糖煮液中浸泡 12 小时。第二次和第三次糖的浓度分别为 40％和 50％，另加 0.05％的山梨酸钾。

（4）干燥：沥去糖液，于烘箱中以 50℃～60℃的温度烘 6～10 小时，使其含水量为 18％～20％。

4. 产品特点

本品为组织饱满、质地柔韧，呈浅黄色，半透明，有一定光泽的瓜脯，酸甜适口，总糖含量比一般果脯低。

（十）减肥冬瓜茶

1. 原料

鲜荷叶半张，冬瓜 500 克，蛋白糖、精盐各少许。

2. 制法

（1）原料处理：将荷叶用清水洗净，撕成几块；将冬瓜去瓤，冲洗干净，连皮切成小块。

（2）加热取汁：将荷叶和冬瓜放入锅内，加适量水，置中火上煮沸，然后改用小火煎约 20 分钟。

（3）过滤：拣去荷叶不用，将冬瓜和煮液用洁净的双层纱布过滤，冬瓜渣可加少许精盐拌食，滤液备用。

（4）调味：在滤液中加少许蛋白糖和精盐进行调味，搅拌均匀。

（5）杀菌、装瓶：将调好的滤液再煮沸杀菌，趁热装入洁净的大玻璃瓶中，盖好盖。

（6）冷却、成品：分段冷却，即预先自然冷却至 60℃ ～ 70℃ 后，将瓶放入冷水中快速冷至室温，再入冰箱，半小时后，便可取出代茶饮用。

3. 制品特点

本品清香微甜，具有清热化痰、除烦止渴、利尿消肿、降脂减肥等功效，适宜高血脂、高血压、糖尿病、肥胖病、各种水肿患者饮用。一般暑热症患者也宜饮用。注意：脾肾阳虚而久患泄泻者不宜饮用。

（十一）冬瓜汁饮料

1. 原料

鲜冬瓜 80 千克，砂糖 80 千克，柠檬酸 2 千克。

2. 工艺流程

选料→清洗→切块→预煮→榨汁→过滤→调配→装罐（瓶）→封口→杀菌、冷却→成品

3. 操作要点

（1）选料：选用无病虫害、无霉烂的冬瓜为原料。

（2）清洗、切块：将冬瓜洗净，去除泥沙及附着在表皮上的白刺毛，切成小块。

（3）预煮：将冬瓜入锅，加入适量清水，加热至沸，改小火，微沸 1 小时，将出汁量控制为冬瓜量的 10 倍。将煮汁得到的冬瓜水用 50 目绢布粗滤后，存入洁净的储备缸中。

（4）榨汁、过滤：在冬瓜煮水后粗滤出来的渣中添加 70％的水，用螺旋式榨汁机榨汁，并用 100 目滤布过滤。将此滤液与煮水的汁液混合后，用板框式过滤机过滤，得澄清汁液 800 千克备用（称原汁）。

（5）调配：先将砂糖溶于热水，过滤除杂。然后将冬瓜原汁、糖液、柠檬酸在调配罐中进行调配，并加水至 1000 千克，搅拌均匀后，加热至 90℃以上。

（6）装罐（瓶）、封口：趁热装罐封口。封口时，中心温度不得低于 85℃。

（7）杀菌、冷却：杀菌公式为 5－18－10/110℃（即加热 5分钟，其杀菌温度应达 110℃，并将此温度保持 18 分钟，然后在 10 分钟内将温度降到常温），杀菌后即冷却至 40℃以下。

4. 产品特点

本品为乳白色汁液，具冬瓜汁的清香味，无异味，香甜可

口。有利尿、消痰、清热、解毒的作用,是盛夏人们最喜欢的消暑解热的好饮料。

(十二) 脱水南瓜片 (丝)

1. 原料

老熟鲜南瓜、食盐。

2. 工艺流程

选料→清洗→整理→切分→烫漂→脱水→包装→成品

3. 操作要点

(1) 选料:选择风味好、表皮光滑、肉质呈橘红色的老熟鲜南瓜为原料。

(2) 清洗:将南瓜置于清洁水中,洗去泥巴等污物。

(3) 整理、切分:将洗净的南瓜除去瓜蒂,然后用刀切分为两半,削去外皮,挖除内部的瓜瓤、种子等。然后,将其切成3～4毫米或6～7毫米厚的薄片 (也可用刨丝器刨成细丝)。

(4) 烫漂:将切分后的瓜片用90℃～95℃的食盐水烫漂1～3分钟,再用冷水迅速冷却,沥去水滴。

(5) 脱水:将烫漂后的南瓜片装到烘筛中,放入烘房进行烘干脱水。烘烤温度先控制在45℃～60℃,然后可逐渐升高,但不能超过70℃,后期温度为50℃～60℃。完成干燥脱水需12～15小时,烘至南瓜片的含水量在6％以下即可。

(6) 包装:晾凉后,用PE (聚乙烯) 塑料袋包装,扎紧袋口,即为成品。

4. 产品特点

本品为淡黄色或橘红色的片状或丝状,厚薄均匀,少碎片,营养丰富,为制南瓜粉的半成品好原料。

注意:外皮要切除干净,否则将影响口感质量。

（十三）南瓜粉

1. 原料

脱水南瓜片或脱水南瓜丝。

2. 制作方法

（1）粉碎：将上述脱水南瓜片（或丝）用粉碎机粉碎成细粉末状。

（2）过筛：将粉碎的南瓜粉末通过 60～80 目的筛子，将未通过的颗粒继续粉碎过筛。

（3）包装：采用 PA/PE（尼龙/聚乙烯）复合袋抽真空定量包装。

3. 制品特点

本品为淡黄色或橘红色粉状物，可用于做南瓜饼、南瓜馅等食品，有补中益气等作用。

（十四）甜辣南瓜条

1. 原料

南瓜 5 千克，精盐 1 千克，辣椒酱 50 克，白糖 500 克，甜面酱适量。

2. 制作方法

（1）原料处理：将南瓜洗干净，削去硬皮，剖开除去内瓤，切成几大长块。

（2）盐渍：按一层盐一层南瓜的顺序将南瓜放入干净坛中腌 3 天，每天翻动 1 次。

（3）漂洗：将咸南瓜用清水漂洗，去除大部分盐味，沥干水滴，晾至稍干。

（4）酱渍：将漂洗沥干的南瓜放入装有甜面酱的坛中，酱渍 5～7 天（需经常翻动）后，捞出洗净，切成长条，置于阳光下晒晒至半干。

（5）拌料、再渍：将辣椒酱和白糖拌入甜面酱中，放入半干的南瓜条，继续酱渍 7 天左右，即可开坛食用。

（6）食用：加入醋和香油，食用风味更佳。

3. 制品特点

本品清脆可口，甜咸适中。

（十五）五香辣味南瓜丝

1. 原料

南瓜 5 千克，干红辣椒 200 克，精盐 200 克，五香粉 40 克，生石灰 150 克。

2. 制作方法

（1）原料处理：将干红辣椒去蒂和子后洗干净，切成细丝，放入盘中；将生石灰放入盆中，加入适量的水溶化，待澄清后取上层澄清水放入一干净坛中；将成熟的南瓜洗净，剖成两半，去净瓜瓤和硬皮后，刨成细丝。

（2）硬化：将南瓜丝投入石灰水坛中浸泡 24 小时，捞出沥干水分。

（3）预煮、漂洗：将锅置火上，放入南瓜丝和适量清水，烧沸后，捞出南瓜丝，投入清水中漂洗干净，再捞出沥干。

（4）晒制：把南瓜丝摊在干净的盘中，置阳光下晒至八成干。

（5）拌料、装坛：在八成干的南瓜丝中加入辣椒丝、精盐和五香粉，翻拌均匀后，装入洁净的腌坛中，压实，并在上面压一块干净的重石，密封坛盖，置于干燥通风处。腌渍 10 天后，即可取出食用。

3. 制品特点

本品红黄相映，色调和谐，风味独特，质地脆嫩，香辣

可口。

（十六）酱渍南瓜

1. 原料

南瓜4千克，10％浓度的盐水2千克，精盐和白酒各100克，红糖和醪糟汁各40克，干红辣椒和干净白矾各40克，香料包1个（内有花椒、八角、桂皮、小茴香各10克），甜面酱1千克。

2. 制作方法

（1）原料处理：将新鲜南瓜洗干净，去掉表皮，切开挖去瓜瓤，再用竹签戳若干个小孔，切成10厘米长、6厘米宽的长方块。

（2）浸泡：将白矾兑清水溶解，盛于盆中，再放入南瓜块，进行浸泡。白矾水要淹没南瓜块，浸泡时间约1小时。

（3）漂洗：将浸泡过的南瓜捞起投入清水中，漂洗半小时，其间换水2～3次，用以脱出矾水的苦涩味。

（4）初腌：将漂洗过的南瓜再用10％的盐水浸泡3天。

（5）入坛腌制：先将老盐水放入坛内，加入精盐、白酒、红糖和醪糟汁，调匀，撒入干红辣椒垫在坛底，再加入南瓜，中间放香料包。盖上坛盖，腌7天左右。

（6）酱制：倒掉坛内盐卤，将坛洗净擦干，倒入沥干的南瓜，再加入甜面酱拌均匀。盖好坛盖，酱制10天左右即可开坛食用。

3. 制品特点

本品色泽金黄，甜辣微咸，酱香浓郁。

（十七）南瓜酱

1. 原料配方

南瓜浆 50 千克，白砂糖 55 千克，淀粉糖浆 5 千克，柠檬酸 0.28 千克。

2. 工艺流程

南瓜预处理→软化打浆→配料→浓缩→装罐、封口→杀菌→冷却→成品

3. 操作要点

（1）南瓜预处理：选用十成熟、含糖量高、纤维含量少、色泽金黄的南瓜为原料。将其清洗干净，削去坚硬的表皮，剖开，挖去瓜瓤和瓜子，然后用不锈钢刀将其切成约 10 厘米长、10 厘米宽的小块。

（2）软化打浆：每 100 千克南瓜加水 50 千克，在夹层锅中加热煮沸至南瓜软熟为止。将煮软的南瓜肉投入打浆机中，打成浆状。

（3）配料、浓缩：先将糖溶于 10 倍热水中，再将柠檬酸加水配成 50％浓度的酸液。取糖液总量的 1/3 与南瓜浆一起放入夹层锅中加热煮沸约 10 分钟，再加入其余糖液，继续加热浓缩 10～15 分钟。加入柠檬酸液，再加热至沸，至可溶性固形物达 65％左右时，即可出锅。

（4）装罐、封口：将罐、盖先消好毒，趁热装罐（酱体温度应大于 85℃），再迅速封罐。

（5）杀菌、冷却：在 100℃沸水中杀菌 15 分钟，然后分段冷却至室温，即为成品。

4. 产品特点

本品呈金黄色，酱体均匀一致，有南瓜特有风味，无异味，可溶性固形物大于 65％。

（十八）南瓜膨化食品

1. 原料

成熟的老南瓜、大豆蛋白粉、碳酸氢钠、花生油、柠檬酸、食盐、调味料等。

2. 工艺流程

原料选择与处理→除水→护色→离心脱水→配料、膨化→冷却→包装→成品

3. 操作要点

（1）原料选择与处理：选择老熟的南瓜，削除变质霉烂部位，去蒂、去柄后放入清洗池内，用水冲去南瓜表面泥沙及污物、农药等。再削去硬皮，切开挖掉瓜瓤、瓜子。然后，将南瓜放入切片机内，切成 2 毫米厚的薄片。

（2）除水、护色：将切好的南瓜片用 1％的食盐腌渍 10 分钟，再用清水漂洗至表面无盐即可。这样处理一般可去除 15％的水分。用稀酸液煮沸护色 3 分钟。然后用滤布将南瓜片包好，放入离心机中离心脱水 2 分钟即可。

（3）配料、膨化：将一定量的南瓜片放入搅拌机内，加入 1％的脱腥大豆蛋白粉、0.25％的碳酸氢钠、2％的花生油、1％的食盐、4％的白糖、0.12％的柠檬酸等，缓慢搅拌 10 分钟，使南瓜片上均匀涂抹上配料。将涂抹好配料的南瓜片放入微波炉中进行膨化处理，一般膨化 4 分钟即可。

（4）冷却、包装：待膨化好的南瓜片冷却后，立即进行包装，以免受潮。

4. 产品特点

本品为金黄色，口感松脆，营养丰富，香甜适口。

（十九）糖西瓜条

1. 原料

西瓜皮 10 千克，砂糖 5.2 千克，石灰 1 千克，白矾 20 克。

2. 工艺流程

西瓜皮预处理→浸泡→漂洗→预煮→冷却→控干→糖腌→第一次糖煮→糖浸→第二次糖煮→冷却→晒干→包装→成品

3. 操作要点

（1）西瓜皮预处理：将瓜皮外表青皮刨净，切成长 4 厘米、宽 1 厘米的长条形。

（2）浸泡：将瓜条浸入 10％石灰水，并用木板压住，使瓜条全部浸入石灰水中，持续 4～8 小时。

（3）漂洗：将浸过石灰水的瓜条倒入清水内，冲洗干净，再用清水漂洗，每隔 1～2 小时换 1 次水，共换 5～6 次水。

（4）预煮：在锅内装半锅水，加入 0.2％白矾。开锅后将瓜条放入，煮 5～10 分钟。

（5）冷却、控干：将煮透后的瓜条捞出，放进冷水盆中冷却，用自来水冲至瓜条完全凉透，再捞出将水分控干。

（6）糖腌：将控干了的瓜条倒在盆内，加上砂糖，放一层瓜条加一层糖，拌匀。第一天加糖量为瓜条重的 16％，腌 1 夜。第二天再加瓜条重量的 16％的砂糖，继续腌 1 夜。第三天加糖量为原瓜条重的 20％，再腌 1 夜。

（7）第一次糖煮、糖浸：将腌制好的糖液放入锅内煮开，再倒入瓜条，煮 15～20 分钟，倒入盆内，使糖液淹没瓜条，浸 2～3 天，即可返砂。

（8）第二次糖煮：先将瓜条从糖液中捞出并控去糖液，在锅内放入半锅糖液。煮沸后，再将瓜条倒入，开锅后经常翻动。煮 20～30 分钟，糖液熬至 118℃～120℃时，水分蒸发，糖液呈黏

稠状，即可出锅。

（9）冷却：将出锅后的瓜条用锅铲继续翻动，使糖浆全部黏在瓜条上。瓜条表面稍干便可停止翻动，以免瓜条上的糖砂脱落。将瓜条倒在案板上散开冷却，待瓜条表面上的蔗糖结晶，出现白霜，制作即完成。

（10）晒干、包装：如果出锅时糖液较稀，水分多，不易返霜，则可将糖瓜条放在阳光下晒6～8小时，即能返霜。包装即为成品。

4. 产品特点

本品为上了一层均匀砂糖结晶的长条形糖食，口味纯正，香甜可口，可辅助治疗肾炎和高血压。

（二十）西瓜酱

1. 原料

西瓜80千克，白砂糖80千克，100％葡萄糖浆8.8千克，果胶粉（或琼脂）0.42千克，柠檬酸0.41千克，柠檬黄0.87克，柠檬香精66毫升。

2. 工艺流程

原料验收→清洗→去皮→去瓤→拣选→清洗→绞碎→软化→浓缩→装罐→密封→杀菌→冷却→擦罐→入库

3. 操作要点

（1）原料验收：选用新鲜、皮厚、无腐烂、无病虫害、品质正常的西瓜。其他原料均应符合国家卫生标准。

（2）清洗：用流动水把西瓜上附着的泥沙及其他杂质清洗干净。

（3）去皮：刨净表皮及切净瓜柄处硬质瓜皮。

（4）去瓤：将西瓜切开，将瓜肉削下，需去净至接近表皮后的果皮色。

（5）拣选：将未修尽的外层绿色瓜皮和内层带瓜肉的拣出，修尽后再使用。将变质和有污染、杂质的西瓜皮全部去除。

（6）清洗：将经拣选处理的西瓜皮用清水充分清洗，洗去附着在瓜皮上的碎瓜屑。

（7）绞碎：清洗后的瓜皮应及时称量绞碎，不能积压。绞出的瓜皮呈颗粒状。然后，选用孔径为 15～16 毫米的筛板过筛。

（8）软化和浓缩：先化糖水，即将糖放入夹层锅中加热、煮沸、溶解后，制成 75％的糖水（用折光计）；再用四层纱布过滤后备用，然后进行瓜皮软化，即先将配比用量中的一半糖水加入绞碎的西瓜皮中，在夹层锅中软化 20～30 分钟（蒸汽压力为 0.15 兆帕）。最后进行浓缩，即待瓜皮软化后，将剩余的糖液和葡萄糖浆一次加入进行浓缩，浓缩时的蒸汽压力为 0.25～0.3 兆帕，并且注意要不断搅拌，以防烟锅。待酱体浓度达到 69％时，加入食用色素与香精，关闭气阀，放尽余气，迅速出锅。

（9）装罐、密封：装罐量为 340 克。空罐经检查后用 90℃～95℃的热水消毒 2～3 分钟，倒置沥去水分方可使用。将酱体趁热及时装罐。手工装罐时，应将酱体上下搅匀，防止瓜块分布不匀。装罐后，立即密封，中心温度不低于 80℃，真空封罐时真空度应掌握在 0.02～0.06 兆帕。

（10）杀菌、冷却：杀菌温度为 100℃，时间为 11 分钟，然后冷却至 37℃以下，及时擦净水分及油污，干后入库即为成品。

4. 产品特点

本品呈软胶凝状，瓜皮肉在淡黄色或黄色酱体中分布均匀，软硬适度，徐徐流散，具有该品应有的清香风味，无焦烟味及其他异味。由于本品是采用去除瓜子用的"打瓜"为原料，故成本低廉，并有辅治水肿、消黄疸和利尿的功效。

（二十一）西瓜皮咸酱

1. 原料

西瓜皮 2.5 千克，面粉 75～125 克，酱油 12.5 克，盐 500 克，清水适量。

2. 制作方法

（1）洗、切：将鲜西瓜皮洗净，削去硬皮和残余瓜瓤，然后切成小块，晾晒 1 天。

（2）蒸煮：将上述晒好的瓜皮加入面粉和匀后，放进蒸笼蒸煮半个小时。

（3）发酵：趁热倒入盆中，加入酱油拌匀，密封后发酵 6～8 天。开盖后可见到上面已生成一层黄色或红色的毛。

（4）晒酱：用热水把盐化开，除去杂质，趁热缓慢倒入上述发酵料中，边加边搅拌，加水量约为 4.5 千克，直至变成稀酱，再放到烈日下曝晒。为防止尘土和杂货侵入，酱盆上最好盖上一层纱布或是一块玻璃。

晒酱期间，每天早晨都要上下搅动数次，并于晚间或阴雨天及时将酱盆盖严，随时拣除蚊蝇杂物。当酱晒了数天后，酱料由稀变稠，颜色越晒越深。当酱色变成深红色或紫红色，并散发出咸香味时，此酱即晒成。

3. 制品特点

本品色美味香，可用于炒食荤、素菜肴，也可用于制酱菜。

（二十二）西瓜皮甜酱

1. 原料

西瓜皮 2.5 千克，白砂糖 2 千克，柠檬酸 125 克。

2. 制作方法

（1）洗切：将新鲜西瓜皮洗净，削去硬皮，除净瓜瓤，洗去皮屑，切为小块。

（2）煮熟：将洗净的瓜皮放入锅中，加适量水，将其煮熟，用捣碎机捣成泥状。

（3）煮酱：在泥状瓜皮浆中加入糖、柠檬酸，放进铝锅中，以文火加热，并不断搅拌，防止焦化和黏锅，直至水分蒸发，变为糊糊状。

（4）装瓶、杀菌：将熬好的瓜皮酱趁热装入干净的广口玻璃瓶中，然后放在滚水锅中排气，封盖，再放到蒸笼上或沸水中，加热杀菌。杀菌时间一般从上汽算起，需 30 分钟。冷却后，将其置于冰箱内储存，随时可食用。

3. 制品特点

本品香甜可口，配上面包可做早餐，也可以用于制作糕点、小食品。

（二十三）腌瓜皮

1. 原料

西瓜皮 100 千克，食盐 18 千克，花椒 1 千克，大料 1 千克，清水 25 千克。

2. 工艺流程

原料选择→修整→晾晒→盐腌→翻缸→成品

3. 操作要点

（1）原料选择：选用表皮薄、肉质肥厚、质地致密、脆嫩的西瓜皮为原料。

（2）修整：削除外表硬皮，以露出皮层的白色部分为度，再削去瓜瓤部分。切削时注意切面应平整，无碎屑。

（3）晾晒：将修整好的西瓜皮置于阳光下进行晾晒，晒至三四成干即可。

（4）盐腌：将经晾晒的西瓜皮与配料中一半用量的食盐按照

放一层瓜皮撒一层食盐的顺序装入缸内。然后将另一半食盐加入清水进行加热溶化，再加入花椒和大料制成调料盐水，冷却后倒入腌西瓜皮的缸内，进行盐腌。

（5）翻缸：盐腌后每天翻倒 1 次，连续翻倒 5～6 天，经 15 天后即可为成品。

4. 产品特点

本品呈黄白色，质地脆嫩，味道清香，鲜咸爽口。

（二十四）糖水西瓜罐头

1. 原料

西瓜 1 个，食盐、食用氯化钙、砂糖、柠檬酸、柠檬香精各适量。

2. 制作方法

（1）挑选西瓜：挑选新鲜的（最好是当天摘的）七八成熟的西瓜，要求肉红、皮薄。

（2）切瓣：首先将选好的瓜用清水洗净污泥，然后对半剖开，切为 6～8 瓣。

（3）去皮：用狭形水果刀沿瓜皮的内皮层与果肉分界处弯月形切去瓜皮。取下的瓜皮可制西瓜酱或进行其他的综合利用。

（4）切块、去子：将去皮的瓜切成 2 厘米×6 厘米大小的块，挖尽瓜子后，放入 3％的食盐水中浸泡 10～15 分钟，进行护色。

（5）预煮：预煮时加 3％的食盐和适量的食用氯化钙（或少许石灰），以增加其硬度。时间是 8～10 分钟。

（6）漂洗、冷却：用清水漂洗 3～4 次，将其冷却。

（7）装瓶：将漂洗好的西瓜按大小分别装入洁净的广口玻璃瓶中。

（8）配料：配料比例为果肉 60％以上，糖水 16％～18％，柠檬酸 0.15％。

制作时，根据西瓜瓤的多少，准备好足够的玻璃瓶，然后按上述配料比例算出砂糖和柠檬酸的用量。先将糖溶于不锈钢锅沸水中，用纱布过滤，去除杂质。再加入适量食用氯化钙，加 0.15％的柠檬酸和少量柠檬香精。将配好料的糖水灌入瓶中。

（9）排气、密封：将装好料的瓶子放入沸水锅中，烧开排气，然后趁热密封（瓶中心温度不低于 80℃）。

（10）杀菌、冷却：封口后立即加热至 100℃，保温 15 分钟，然后将瓶取出先自然冷却一段时间，再放入冷水中，加快冷却至室温即成。

3. 制品特点

本品糖液透明，果肉酸甜爽口，具西瓜独特风味，有柠檬清香。

（二十五）西瓜汁

1. 原料

鲜西瓜、白砂糖、柠檬酸。

2. 制作方法

（1）原料挑选：要求同糖水西瓜罐头。

（2）捣碎、榨汁：将原料切块去子后，经高速捣碎机处理，用纱布初滤，去杂质。

（3）调汁：取原汁 600 毫升，白砂糖 80 克，柠檬酸 1.5 克。先将糖溶于 300 毫升热水中，加入柠檬酸，搅匀；再倒入原汁，加水定容至 1000 毫升，然后一并入高速捣碎机捣匀，均质。

（4）加热、过滤：将调好的瓜汁倒入不锈钢锅加热至 75℃。

（5）装瓶、排气、密封：趁热装罐密封，按净重 200 克的要求进行包装，中心温度不低于 70℃。

（6）杀菌、冷却：杀菌温度为 100℃，沸 15 分钟即可离火

进行冷却，即为成品。

3. 制品特点

本品为红色至淡红色浑浊液，具有西瓜汁应有的味道，无异味，酸甜适口，有清凉祛暑、利尿、除烦等作用。

注意：西瓜性寒，脾胃虚寒及便溏腹泻者忌食。因含糖分较多，糖尿病患者应少食。

（二十六）腌黄瓜

1. 原料

黄瓜 100 千克，食盐 30 千克，清水 5 千克。

2. 工艺流程

原料选择→清洗→盐腌→倒缸→成品

3. 操作要点

（1）原料选择：选用瓜条顺直、均匀、七八成熟的新鲜黄瓜为原料，以秋黄瓜为好。对于瓜条不均匀、弯曲、大肚的黄瓜，腌制后可将其作为酱菜的半成品咸菜坯。

（2）清洗：将黄瓜用清水刷洗干净，并控干水分。

（3）盐腌：按配料比例将黄瓜与食盐装入缸内进行盐腌。装缸时码一层黄瓜撒一层食盐。每层浇洒适量清水，以促使食盐溶化。

（4）倒缸：盐腌第二天开始倒缸。每天倒缸 2 次，以散发热量和促进食盐溶化。待食盐全部溶化后，每隔 1～2 天倒缸 1 次。如果用菜池腌制，每天可用水泵抽取盐水进行扬汤，使盐液在池内循环，起到倒缸的作用。一般腌制 30 天左右即为成品。

4. 制品特点

本品色泽深绿，质地脆嫩，味道咸而清香。

（二十七）多味黄瓜

1. 原料

咸黄瓜5千克，白糖0.5千克，醋和虾油各0.25千克，红辣椒丝、姜丝和蒜蓉各0.1千克，五香粉和味精各少许。

2. 制作方法

（1）切瓜、浸泡：将咸黄瓜先直刀切，深度为2/3，再斜刀切，深度为2/3，开口要错开呈弹簧状。用清水浸泡6小时左右，以降低盐分，捞出沥干。

（2）调料、腌渍：将白糖、醋、虾油、红辣椒丝、姜丝和蒜蓉同放一盆内拌匀，码一层黄瓜撒一层调料，装入刷净晾干的坛内。每天翻动1次，连续3天，腌渍5天后即成。

3. 制品特点

本品色呈碧绿，外形美观，清脆可口，风味独特。

（二十八）糖醋辣黄瓜

1. 原料

腌黄瓜10千克，白糖3千克，红干辣椒粉30克，醋0.5千克。

2. 制作方法

（1）切条、浸泡：将腌黄瓜切成4厘米长、2厘米宽的长条，放入清水中浸泡4～5小时，至咸味淡时，捞出沥干。

（2）调料、腌渍：将黄瓜放入菜坛内，倒入用白糖、醋和红干辣椒粉调匀的味料。每天翻拌2次，腌渍5～7天即可开坛食用。

3. 制品特点

本品青绿透明，辣味纯正，酸甜可口。

（二十九）酒香黄瓜

1. 原料

黄瓜 10 千克，新酒糟 9 千克，精盐 4 千克。

2. 制作方法

（1）洗瓜、烧盐水：将黄瓜用清水洗干净。取 2 千克盐，兑入 2 千克水，入锅煮沸，使盐溶解。

（2）入坛、洒盐水：把洗净的黄瓜放入泡菜坛内，将煮沸的盐水泼洒在黄瓜上，待盐水凉时倒出，再次煮沸，泼洒在黄瓜上。如此反复 3～4 次。

（3）洗净、晾一夜：将黄瓜取出，用冷水洗净，摆放在室外干净的木板上露一夜。

（4）配料、糟渍：将酒糟与剩余的 2 千克盐拌匀，码一层黄瓜撒一层酒糟盐，将其摆入泡菜坛内。最后以酒糟盐封顶（要稍多一点），进行腌渍。约过半个月即为成品。

3. 制品特点

本品味道鲜美适口，酒香浓厚。

（三十）蜜汁小黄瓜

1. 原料

小嫩黄瓜 100 千克，食盐 20 千克，白糖 30 千克。

2. 工艺流程

选料→洗净→晾干→盐腌→清洗→腌制→拌糖→糖渍→成品

3. 操作要点

（1）选料：选用鲜嫩的小黄瓜。

（2）洗净、晾干：用清水将小黄瓜充分冲洗干净，然后晾干水分。

（3）盐腌、清洗：首先用 10 千克盐将小黄瓜腌起来，1 天后取出，用清水洗净，重新入缸腌制，再加 10 千克盐。

（4）腌制：共腌制 10 天，每天翻缸 1 次。

（5）拌糖：腌制 10 天后，将小黄瓜取出，沥干盐水，进行拌糖。拌糖分 2 次进行，第一次加 10 千克糖，进行拌糖，拌匀；1 天后再拌进 20 千克糖。

（6）糖渍：糖渍 10 多天后即为成品。

4. 产品特点

本品味道鲜美，质地脆嫩，风味独特，咸甜可口。

（三十一）甘草黄瓜皮

1. 原料

黄瓜 100 千克，食盐 5 千克，甘草粉适量。

2. 工艺流程

原料预处理→盐渍→沥盐卤→摊晒→撒粉→腌渍→成品

3. 操作要点

（1）原料预处理：选用较为成熟的黄瓜，将其洗净，去蒂，纵剖两片，挖去瓤和子。

（2）盐渍：将盐倒在瓜料上，盐渍 2 天。其间应翻拌 2 次，使瓜腌渍均匀。

（3）沥盐卤：将腌好的瓜条出缸，沥干盐水。

（4）摊晒：将瓜条放到洁净的竹席上摊开，进行晒制。当晒至七八成干时，便可收起。

（5）撒粉：在晒干的瓜条上撒上适量精盐粉和甘草粉，拌匀装缸、密封。

（6）腌渍：腌渍 10 天后便可开坛食用了。

4. 制品特点

本品甘甜爽脆，嚼有余味，清香可口，食后开胃。

（三十二）北方酱黄瓜

1. 原料

新鲜黄瓜 100 千克，食盐 30 千克，黄酱 75 千克。

2. 工艺流程

腌制→脱盐→脱水→酱制→成品

3. 操作要点

（1）腌制：取洗净晒干的新鲜黄瓜 100 千克，用食盐 30 千克，按一层盐一层黄瓜，用盐量下少上多的方法腌制，装缸（池）至满。每天转缸（池）翻菜 1 次，灌入原菜卤及未溶解的食盐。待食盐全部溶解，改为每 2～3 天转缸（池）翻菜 1 次，灌入菜卤。10 天以后，并缸（池），压紧，灌入原菜卤储藏。

（2）脱盐：将咸黄瓜坯用清水浸泡脱盐。用水量以漫过咸菜坯 30 厘米为度，浸泡 24 小时，其间换水 1 次，使菜坯中含盐量降到 10％～12％。

（3）脱水：将脱盐后的黄瓜捞出装入布袋，每袋装 2.5～3 千克，放入木榨中，缓缓增加压力，榨出 30％～40％的水分。

（4）酱制：按 100 千克咸瓜坯用黄酱 75 千克的比例将黄酱放入缸内，然后将菜袋放入黄酱中，每天翻动 2～3 次。酱制时间为冬季 15 天，夏季 7 天，春、秋季各 10 天，酱好即为成品。

4. 制品特点

本品外皮绿色，肉棕红色，有酱香气，鲜咸味浓，质地脆嫩。

（三十三）酱乳黄瓜

1. 原料

乳黄瓜 100 千克，回笼酱（已酱渍过的酱）120 千克，食盐 18 千克，稀甜酱 100 千克。

2. 工艺流程

原料处理→初腌→复腌→脱盐→脱水→初酱→复酱→成品

3. 操作要点

（1）原料处理：选择皮色翠绿、粗细均匀、肉多子少、质地脆嫩的乳黄瓜。每1千克约30～40条。瓜长11～15厘米。将鲜瓜首先摘去瓜花，剔除不合格者，然后立即盐渍。

（2）初腌：每100千克鲜黄瓜用盐9千克。然后按一层盐一层黄瓜的顺序交错排列，食盐用量下少上多，逐层腌制，满缸为止。以后每隔8～12小时转缸翻瓜1次。腌制1天1晚后捞出，沥干卤水。

（3）复腌：每100千克鲜黄瓜仍用盐9千克。方法同初腌。每天转缸翻一次。第三天起缸合并，加入补盐，浓度调整为20％。复腌菜卤以浸没瓜体10厘米左右为度，储藏备用。

（4）脱盐：将乳黄瓜咸坯放入清水中进行浸泡脱盐。每100千克咸坯用150千克水，使瓜坯含盐量下降到9％～10％。

（5）脱水：将脱盐后的菜坯装入布袋中，每袋约装12.5千克，将水压出。

（6）初酱：将脱水后的菜袋放入120千克回笼酱中酱渍。初酱每天翻袋倒缸一次；4～6天后，将袋取出堆叠3～4小时；然后将上下布袋调换一次，继续堆叠3～4小时，压去卤汁。

（7）复酱：将初酱后的菜袋放入100千克新鲜的稀甜酱中进行复酱。复酱用酱量和咸坯的配比为1∶1。每天翻缸倒袋。复酱时间为夏季7天，冬季14天，春、秋季各10天。酱好即为成品。

4. 产品特点

本品色泽青翠，有光泽，有浓郁的酱香，伴有酯香气和乳黄瓜特有清香，滋味鲜美，咸甜适宜，无酸味及其他异味，体态、条形整齐均匀，质地脆嫩。

（三十四）泡黄瓜

1. 原料

（1）黄瓜 50 千克。

（2）粗制卤汤配料：食盐 3 千克，辣椒粉 0.35 千克，大蒜 1.6 千克，丁香 20 克，胡椒粉 8 克，香草 8 克，山梨酸钾 125 克，清水 30 千克。

（3）精制卤汤配料：水 30 千克，大蒜 0.65 千克，食盐 3 千克，果醋 1.5 千克，丁香 20 克，香草 8 克，胡椒粉 8 克，辣椒粉 0.35 千克，山梨酸钾 125 克。

（4）无菌液：亚硫酸钠、氯化钙混合溶液 50 千克（50 千克水中溶解亚硫酸钠、氯化钙各 50 克）。

2. 工艺流程

配制溶液→原、辅料处理→粗制腌泡→精制腌泡→成品

3. 操作要点

（1）配制溶液：取清水 50 千克，加热至 100℃，冷却后，加入亚硫酸钠、氯化钙各 50 克，充分搅拌，溶解制成无菌液备用；将食盐 3 千克，山梨酸钾 125 克溶于 30 千克水中，加热至沸，冷却至 40℃，制成食盐、山梨酸钾溶液备用。

（2）原、辅料处理：将黄瓜用清水洗涤干净，用一种叫敲板的扎眼工具（即在条形木板上钉有粗大缝衣针）拍打瓜身，将黄瓜扎出小孔，要求三针对穿打六眼，或四针对穿打八眼；将大蒜种皮剥掉，剁成碎末；将香草洗净，剔除干黄的老茎叶，切成长度 2～3 厘米的小段；将丁香研成细粉，与辣椒粉、胡椒粉拌和均匀，制成混合香辛料备用。

（3）粗制腌泡：将已打好眼的鲜黄瓜置亚硫酸钠、氯化钙的无菌水溶液中浸泡 1 小时，然后取出置阴凉处自然沥干。将混合香辛料和各种辅料拌匀，撒一层在坛底，然后按一层黄瓜一层混

合香辛料及辅料的方法腌制。反复如此,直至坛满,再将食盐、山梨酸钾溶液淋浇在坛内。灌卤后,立即用油纸和牛皮纸各一层封住坛口,用麻绳扎牢,然后再用水泥、黄泥混凝土密封。封坛后,置15℃阴凉处自然发酵30天,或置25℃自然条件下发酵20天。

(4)精制腌泡:开坛,先将粗泡的黄瓜用原卤洗净,沥去浮卤。将发酵坛洗净,沥干,再将上述黄瓜逐条摆入坛内。将各种香辛料及辅料装入布袋,扎好袋口,置水中加热至沸腾,保持30分钟。取出布袋,沥下卤汤,并用四层洁净纱布过滤卤汤,去渣。冷却后加入果醋,澄清备用。将冷却澄清的卤汤灌入重新装好瓜的坛内,按前述方法封坛。置常温自然条件下发酵10天,即为成品。

4. 产品特点

本品色泽黄绿,有光泽,具有各种香料和黄瓜发酵所产生的特有香气,酸辣麻咸,滋味适口,无不良气味,质地清脆,无杂质。

(三十五)酸甜乳黄瓜

1. 原料

鲜黄瓜100千克,食盐30千克,白糖40千克,食醋50千克。

2. 工艺流程

原料选择→清洗→初腌→沥卤→复腌→切分→脱盐→醋渍→糖渍→成品

3. 操作要点

(1)原料选择:选用子瓤尚未形成或个体很小的鲜嫩乳黄瓜为原料。

(2)清洗:用清水洗净瓜条外表的泥土和污物。

（3）初腌、沥卤：将黄瓜与食盐按 100：16 的比例，按一层黄瓜一层食盐的顺序装入缸内，在最上面再撒满一层 2～3 厘米厚的食盐，然后用竹篾盖上，压上重石块，盐腌 24 小时。而后将黄瓜捞出，装入布袋或筐内，堆叠自压 3 小时，脱出咸水。

（4）复腌：将经初腌的黄瓜坯与食盐按 100：14 的比例，与初腌方法相同，放入坛内进行复腌。腌渍 24 小时后，则制成咸黄瓜坯半成品。

（5）切分：将咸黄瓜坯从缸中捞出，沥净盐卤后，用刀纵向劈切为两瓣，再切分为宽 0.4 厘米、长 3～4 厘米的黄瓜条。个体很小的乳瓜不进行切分。

（6）脱盐：将切分后的黄瓜条放入清水中浸泡 12 小时，中间换水 1 次。待盐度降低后捞出，放入筐内，盖上竹篾盖，压上石头，沥去水分。也可以将筐与筐重叠堆置，靠自重沥去水分。一般自压脱水需 6～8 小时，中间可翻动 1 次，再继续压沥水分。

（7）醋渍：将经脱盐的黄瓜条装入缸内，同时灌入相当于黄瓜条一半重量的食醋，进行浸渍。醋渍 12 小时后，将黄瓜条捞出，沥去过多的醋酸液。

（8）糖渍：分两次进行糖渍。

①第一次糖渍：将经醋渍的黄瓜条与白糖一起进行糖渍，码一层黄瓜撒一层糖，下少上多，压紧，盖好。3 天后，将黄瓜条捞出，放入筐中沥净糖液。所沥出的糖液要保持清洁，以备再用。

②第二次糖渍：将沥出的糖液经过滤除去杂物后，放在锅内，加热煮沸，再将上述黄瓜条放入，改用小火，并不断地搅动。待瓜条由黄绿色变成青绿色时，立即捞出，摊放在竹席上晾凉，同时将锅内的糖液倒入缸中晾凉后再倒入黄瓜条，进行第二次糖渍。3～5 天后即为成品。

4. 产品特点

本品色泽呈青绿，有光泽，瓜条丰满柔软，质地柔韧，味甘甜，略有酸味，爽口。

(三十六) 酱油乳黄瓜

1. 原料

咸黄瓜 10 千克，酱油 4 千克，味精适量。

2. 制作方法

（1）原料选择：选用已腌制为成品的细嫩咸黄瓜为原料。

（2）脱盐：将咸乳黄瓜放入清水中浸泡 8 小时左右，进行脱盐。中间换水 2～3 次。待盐度降低后捞出，控干水分。

（3）酱油腌渍：将酱油在锅中煮沸，加入味精，溶化后倒入缸（坛）中，晾凉。再将经脱盐的乳黄瓜坯放入酱油中，进行酱油腌渍。每天翻动 1 次，5～7 天即为成品。

3. 制品特点

本品色泽呈深绿色，质地清脆，味道鲜咸，清香爽口。

(三十七) 甜辣酱乳瓜

1. 原料

咸黄瓜 10 千克，酱油 3 千克，白糖 0.2 千克，甜蜜素 1.5克，辣椒粉 50 克，味精 3 克。

2. 制作方法

（1）原料选择：选用已腌制为成品的幼嫩小黄瓜为原料最好。一般质量的黄瓜也可做加工原料。

（2）脱盐：幼嫩小咸黄瓜可直接放入清水中浸泡脱盐，浸泡时间约为 8 小时，中间换水 2～3 次；一般咸黄瓜则应先切分成长 4 厘米、宽 1～1.5 厘米、厚 0.5 厘米的黄瓜条，再放入清水中浸泡脱盐，浸泡时间为 4 小时，中间换水 1 次。

（3）控干水分：经脱盐的黄瓜条盐度降低后，捞出，沥干水分。

（4）配料、腌渍：将其他调味辅料称重后，除味精外，都加入酱油中，搅匀，煮沸。再加入味精，搅至溶化，倒入缸（坛）中，晾凉。再将经脱盐的黄瓜坯放入酱油中进行酱油渍，每天倒缸1次。酱油渍7～10天后，即为成品。

3. 制品特点

本品外表色泽为褐绿色，瓜肉为棕褐色，质地清脆，味甜咸，清香微辣。

（三十八）醋渍辣黄瓜

1. 原料

鲜黄瓜10千克，青辣椒、红辣椒各0.5千克，食醋2千克，香菜0.1千克，食盐0.3千克，白糖、食盐各1千克。

2. 制作方法

（1）原料选择：除了过度成熟的老黄瓜或有病虫害的瓜之外，一般的黄瓜均可作为加工原料。

（2）原料预处理：将黄瓜削去花蒂和果柄，用刀对半剖开。对成熟度较高的黄瓜可挖去子瓤，用清水洗净后，再切分成柳条状长条。将青、红辣椒除去果柄，并用清水洗净，然后剖开除去种瓤，再切成条状。将香菜用清水洗净，并沥干水分。

（3）盐腌：按原料配比将经切分后的黄瓜与食盐放置于一个干净容器中进行盐腌。放置时应码一层黄瓜撒上一层盐。同时也将切分后的青、红辣椒分别放在黄瓜的一旁，一起盐腌。码好后浇洒适量清水。最后在黄瓜上撒满一层面盐，再压上重物，预腌出坯4个小时，分别取出黄瓜和青、红辣椒，沥去水分。

（4）装坛：先配置料液，按配料比例将白糖和醋放一起，加热使糖溶化，搅拌均匀。晾凉后，再加入少量香菜叶，制成料液。然后准备装坛。先将腌菜的坛子刷洗干净，再将经腌制的黄瓜、辣椒装入坛内。装坛时，码一层黄瓜放一层香菜和青、红辣椒。直到装至八成满，再将已配好的糖醋香料液浇在黄瓜上，压上重物，腌制4～8天即可食用。

3. 制品特点

本品色泽红绿相间，质地清脆鲜嫩，酸甜爽口，微有辣味。

（三十九）酸黄瓜罐头

1. 原料

酸黄瓜1000克，芹菜叶6克，大蒜1克，辣叶6克，薄荷叶0.5克，红辣椒1克。

2. 制作方法

（1）选瓜：选择无刺或少刺、瓜条幼嫩、直径在3～4厘米、粗细均匀、无病虫害、无腐烂以及色泽均一的黄瓜为原料。

（2）预处理：将黄瓜用清水洗净，放入石灰水中浸泡6～8小时（取10克生石灰在水里化开后，去灰渣，留石灰水，用来泡黄瓜），然后进行仔细的漂洗。先将浸泡过石灰水的黄瓜条倒入清水盆里，水与黄瓜条的比为1∶1；再将黄瓜上的石灰洗净，然后捞出，再放入清水中浸泡，每隔1～2小时换1次水，换3次。仔细洗净后，按装瓶高度将瓜切段，各段要顺直。

（3）选配料：选取新鲜且无病虫害损伤的芹菜叶、辣叶、薄荷叶等，洗净，切成4～6厘米的小段；再把洗净、去子的红辣椒切成1厘米长的小段；最后将大蒜去皮后洗净，切成小片，用食用醋将汁液的酸度pH值调到4.2～4.5。

（4）配料：配料量依罐头瓶的容量大小而定。如容量为500克的罐头瓶，其配料量为芹菜叶3克、辣叶3克（2片）、薄荷叶0.25克（2片）、红辣椒0.5克、大蒜0.5克（1片）。

（5）装罐：将做罐头用的瓶（罐）、盖及橡皮圈洗净，用沸

水消毒。装罐时，先装入配料，再装入黄瓜，最后装汤汁。汤汁温度不低于75℃，有利于排气。加汤汁的量以距盖6～8毫米为度。

（6）排气和封罐：装好物料后，将其送入排气热水锅，加热，使罐内温度达90℃，维持8～10分钟，取出趁热封罐。

（7）杀菌与冷却：在100℃条件下经10分钟即可达到杀菌目的。冷却方法由罐的材料决定。玻璃罐应采取分阶段冷却法，以每阶段温差不超过20℃为宜。

3. 产品特点

本品具有酸黄瓜特有的风味，质地脆硬，无杂质。

（四十）黄瓜饮料

1. 原料

黄瓜500克，砂糖120克，精盐、柠檬酸各少许。

2. 制作方法

（1）原料处理：将黄瓜洗干净，去蒂，刨去表皮，纵剖两片，去瓤，去子，然后切成小片。

（2）热烫：将黄瓜片放入淡盐开水中烫2分钟。

（3）打浆：加少许柠檬酸至上述烫水中，一并入打浆机中打浆。

（4）杀菌、调味：将浆液倒入不锈钢锅中，加入砂糖溶液，搅匀。置旺火上煮沸，微沸几分钟。根据个人喜爱，可再进行甜、酸味的调配。然后趁热装入已杀过菌的玻璃瓶中，盖好盖。

（5）冷却、入冰箱：先自然冷却一段时间，再将瓶放入冷水中，加快冷却至室温，放冰箱中，可随时摇匀饮用。

3. 制品特点

本品为浅黄绿色浑浊液，酸甜可口，具有消暑止渴、利水消肿、减肥、养颜美容作用。注意：糖尿病人不要加白糖，可加少许蛋白糖调味。

（四十一）泡苦瓜

1. 原料

白皮苦瓜 10 千克，醪糟汁 100 克，一等老盐水 10 千克，食盐 250 克，红糖 100 克，白酒 100 克，香料包 1 个（八角、香草、豆蔻各 5 克，花椒 10 克）。

2. 制作方法

（1）原料整理：选择色白、皮面较平坦、没有水渍损伤的苦瓜洗净，对剖、去子、去瓤，晒至稍蔫，出坯约 1 天，捞起，晾干附着的水分。

（2）泡制：将各料调匀后装入坛内，放入苦瓜及香料包，用竹片卡紧，盖上坛盖，添足坛沿水，泡约 2 天即可。

3. 制品特点

本品色白清脆，苦中有味，咸香可口。

注意：苦瓜还适合与豇豆、辣椒等合泡；装坛时，应注意装满压实，并要求添足坛沿水。

（四十二）糖苦瓜

1. 原料

鲜苦瓜 100 千克，川白糖 75～80 千克，明矾适量。

2. 工艺流程

选料→切分→浸矾→漂洗→烫漂→糖煮→上糖衣→成品

3. 操作要点

（1）选料：选择色泽和规格一致、直顺的白苦瓜。

（2）切分：洗净，去两端，在体表均匀刺孔，切成 1.5 厘米宽的小段，去子。

（3）浸矾：用浓度为 3% 左右的明矾液浸泡瓜段 1 周，以去

除苦味。

（4）漂洗：清洗 3～4 天，每天换水 4～5 次。

（5）烫漂：用沸水煮 15 分钟，再用清水洗 1 天，期间换 4～5 次水。

（6）糖煮：将 55％ 的糖液煮沸，投入苦瓜段，用旺火煮 1 小时后，改用文火煮。随时加糖液，2～3 小时后，待糖液浓度达 65％ 时停火。静浸 10～12 小时，再上火煮，待糖浓度达 75％ 以上即可。

（7）上糖衣：沥去糖液后，上糖液即可。即待冷却到 50℃～60℃ 时，与 80～100 目的白砂糖进行混合，搅拌均匀，即上好糖衣，为成品。

4. 产品特点

本品口味细腻滋润，清香甜美，稍带苦味，大小均匀一致，色泽白亮。

（四十三）苦瓜饮料

1. 原料

苦瓜 500 克，白砂糖 160 克，精盐、柠檬酸各少许。

2. 制作方法

（1）选瓜：选用七八成熟的绿色苦瓜，用清水洗净，然后切半去瓤，去子，去蒂。

（2）切片：将洗净的苦瓜切成薄片。

（3）盐渍除涩：将苦瓜放入 8％ 的盐水中浸泡 30～45 分钟，捞出后置沸水中漂洗半分钟。

（4）打浆：用捣浆机将漂洗后的苦瓜片加适量清水打浆。

（5）调配：将白糖溶于适量净水中，加少许精盐和柠檬酸，搅溶，倒入苦瓜液中，定容至 2000 毫升，再入高速捣浆机中捣碎均质一次。尝试口感，至个人满意为止。

（6）杀菌：将调好味的苦瓜果肉汁倒入不锈钢锅中，置旺火上，速煮沸几分钟，趁热装入已消毒的玻璃瓶中，密封。分段冷却至室温后，入冰箱存放，即成冷饮，随时可摇匀饮用。

3. 制品特点

本品为黄绿色带果肉的浑浊饮料，细腻，酸甜，微苦，具有消暑解热、除烦明目、利尿解渴、清热毒、增强免疫力之功效。

注意：糖尿病患者不要加糖，可用少许蛋白糖或甜蜜素进行调味；脾胃虚寒及腹痛、腹泻者不宜饮用该饮品。

（四十四）腌苦瓜片

1. 原料

苦瓜 1 千克，洋葱 100 克，精盐、醋、酱油、香油各适量。

2. 制作方法

（1）原料预处理：将苦瓜洗净、去蒂、剖开、去瓤、去子后，切成薄片（越薄越好），放入盘内，排放整齐；将洋葱去表皮，洗净，切成碎末。

（2）配料、腌制：将酱油、醋、盐、香油与洋葱碎末放入碗中拌匀，一起淋在苦瓜片上，腌渍片刻。盖好放入冰箱，随吃随取。

3. 制品特点

本品味苦爽口，具降压消暑、解热毒作用。

二、茄果类制品

（一）腌茄干

1. 原料

茄子 100 千克，食盐 1 千克，酱油 37 千克，白糖 3 千克，甜蜜素 35 克，15％盐水 1.2 千克，山梨酸钾 5 克，清水适量。

2. 工艺流程

选料及处理→盐渍→烫煮→压榨→晾晒→酱油渍→复晒→复酱→第三次晾晒→三酱、封缸→后熟→成品

3. 操作要点

（1）选料及处理：选用皮薄肉厚、质地细嫩、子未成熟的新鲜茄子为原料，剔除成熟过度和有病虫危害的茄子。削去果柄和萼片，切分成厚度约为 2 厘米的茄片。

（2）盐渍：将切分后的茄片放在 15％浓度的盐水中浸泡 2～3 小时。当茄片质地稍柔软后捞出，沥干水分。

（3）烫煮：将经盐渍的茄片放入沸水中，不断翻动。当煮至茄片质地变软，显淡青绿色时，捞出，迅速放入冷水中使其冷却。

（4）压榨：将上述茄片用压榨机压榨脱除部分水分。压榨时每 100 千克茄片加食盐 1 千克，以利于水分的脱除。一般压榨脱除 40％的水分。

（5）晾晒：将压榨脱水的茄片摊放在竹帘或苇席上，置于通风向阳处进行晾晒。每隔 2 小时翻动 1 次，直至晒干。

（6）酱油渍：按 30 千克酱油加 30 克糖精的配比，把酱油放入缸内，加入糖精，混合溶解，搅拌均匀后，再将晒干的茄片放入已调味的酱油中，加盖竹帘，压上石块进行酱渍。每隔 3～4 小时翻动 1 次，同时用手揉压，或穿干净的工作套鞋用脚踩压，直至见卤汁。酱渍 5 天左右。

（7）复晒：将经酱油渍的茄片取出，沥干酱油卤，摊放在竹帘或苇席上，置于通风向阳处进行晾晒。每隔 2 小时翻动 1 次，直至晒干。

（8）复酱

①按 7 千克酱油加白糖 3 千克、甜蜜素 5 克、山梨酸钾 1 克、清水 0.8 千克的配比，先将酱油与清水在锅中加热煮沸，加入白糖和甜蜜素，不断搅拌溶解，混合均匀，制成调味酱油。

②按每 100 千克茄片加 5 千克调味酱油的比例，将经 2 次晒干的茄片装入缸内，浇入已经调好的调味酱油，混拌均匀，踩压紧实。次日进行翻缸，翻缸时再浇入调味酱油 2 千克，并踩实。酱渍 2～3 天，制得酱油茄坯。

（9）第三次晾晒：将制得的茄坯取出，沥干酱油卤汁，摊放在竹帘或苇席上，置于通风向阳处进行晾晒。晒至八成干，制成酱茄干坯。

（10）三酱、封缸：将晾晒成的酱茄干坯趁热收起，放入缸内。每 100 千克酱茄干坯浇入配制好的调味酱油 3 千克，翻拌均匀，踩压紧实。次日倒缸 1 次，边翻倒边压紧实。装满缸后，上面铺一层塑料薄膜，再撒满一层 2～3 厘米厚的细精盐，进行封缸。

（11）后熟：封缸，待其后熟 7～10 天，即为成品。

4. 产品特点

本品色泽呈红褐，有光泽，质地柔韧、软糯，酱香浓郁，味道鲜甜可口。

（二）开胃茄干

1. 原料

茄子 5 千克，咸红辣椒 1 千克，精盐 0.5 千克，豆豉 2 千克。

2. 制作方法

（1）茄子预处理：将新鲜肥嫩、肉质致密的茄子切去蒂和柄后，洗净，投入沸水锅中煮 15 分钟左右。至茄子变成深色、柔软，但尚未熟透时，立即取出，散热冷却至室温。

（2）切瓣、暴晒、盐渍：将冷却的茄子切成 4 小瓣，置太阳下暴晒，不宜翻动。傍晚散热后，将精盐撒在茄子的剖面揉搓，然后将茄子的剖面朝上，一层一层地铺在盆中腌 1 夜。第二天继续暴晒，每隔 4 小时翻动 1 次，晒 2～3 天。待茄子发黑，能够折断时，即成半成品。

（3）浸泡去盐、晾晒：将半成品茄子放在清水中浸泡 20 分钟后，捞出晾晒，直至表皮无水汁，比半成品重 50％为止。

（4）切块、拌料、装坛：将上述捞出的半成品茄子再切成长、宽各 5 厘米的小块，加入精盐 150 克，与咸红辣椒、豆豉一起搅拌均匀，逐层装入缸中，压实盖严，继续腌制。待腌渍 15 天后，即为成品。

3. 制品特点

本品咸辣适口，开胃消食，有柔韧性。

（三）香辣茄子

1. 原料

茄子 100 千克，食盐 10 千克，香菜（芫荽）2 千克，大葱 1 千克，大蒜 0.5 千克，姜 0.5 千克，辣椒粉 0.2 千克。

2. 工艺流程

原料选择→预处理→蒸熟→冷却→配料→抹料→盐腌→成品

3. 操作要点

（1）原料选择：选用个头整齐、均匀、肉质细嫩、子未成熟的茄子，或拉秧时不能成熟的小茄子做原料。

（2）预处理：削去茄子的蒂柄，用清水洗净泥沙和污物。再将茄子从顶部纵切为3～4片，但顶部不切断。

（3）蒸熟、冷却：将茄子放入蒸锅蒸至八成熟，晾凉，待冷却后备用。

（4）配料：将香菜与大葱分别洗净，切成碎末；将大蒜剥去外皮，与洗净的生姜一起捣成泥状；然后将香菜末、大葱末、姜泥、蒜泥和辣椒粉及少量精盐混合拌匀，制成调料。

（5）拌料：将制好的调料均匀地抹在经蒸熟的茄子切口中间，再将其合上。

（6）盐腌：按配料比例确定食盐用量，每码一层茄子撒一层食盐，将其整齐地码入洁净的缸里，并逐层压实。装满缸后，封好缸口，腌制15天左右，即为成品。

4. 产品特点

本品肉质呈乳白色，质地柔韧，不软烂，味道咸辣，鲜香可口。

（四）腌香茄

1. 原料

茄子10千克，食盐2千克，花椒、桂皮、小茴香各10克，清水1.5千克。

2. 制作方法

（1）选料：选用个头整齐、均匀、幼嫩无子的小茄子为原料，剔除过熟、多子、变黄、腐烂和裂开的茄子。

（2）预处理：用刀削除蒂柄，用清水洗净泥土和污物，并沥干水分。

（3）配制调料液：将花椒、桂皮、小茴香等香辛料放入锅中，加入清水煮沸 5 分钟左右，晾凉，即制成调料液。

（4）盐腌：将洗净的小茄子装入缸内，按配比撒上食盐，然后浇入调料液，使食盐下渗，进行盐腌。第二天开始倒缸，每天倒缸 2 次，连续进行 3～4 天。待食盐溶化后，即可封缸。经过 20 天左右，即为成品。

3. 制品特点

本品肉质为乳白色，质地柔嫩，不软烂，口感咸鲜，香味浓郁。

（五）酱渍麻香辣茄

1. 原料

茄子 5 千克，酱油 0.4 千克，辣椒粉 70 克，大葱 2 棵，蒜蓉 25 克，芝麻 50 克。

2. 制作方法

（1）选料、预处理：选用细长、鲜嫩、无子的茄子，洗净后擦干水分，切成 4 厘米长的段，然后再把每段纵切成 4 瓣。

（2）盐腌：将精盐撒在切好的茄子上，用干净纱布包好，放入坛或盆内，上压重物腌 24 小时。

（3）制调料糊：将葱拣洗干净，切成末，与辣椒粉、蒜蓉、酱油、芝麻混合，制成调料糊。

（4）吹干：将腌好的茄子取出，挤干水分，放在通风处吹干表皮的水分。

（5）酱渍：按码一层茄子抹一层调料糊的方法将茄子装入干净坛中压紧密封，酱渍 4 天左右便可食用。

3. 制品特点

本品味道咸鲜美味，香辣适口。

（六）酱油姜蒜茄

1. 原料

圆茄子 5 千克，生姜 0.5 千克，大蒜头 0.1 千克，精盐 0.75 千克，酱油 1.5 千克，味精 10 克。

2. 制作方法

（1）预处理：将鲜圆茄去蒂、柄后洗净，沥干水。

（2）盐腌：按配比一层茄一层盐地将茄子装入洁净坛内，按紧，压上重物，并加入能浸没茄子的盐水。将坛置于阴凉通风处，每天翻动 1 次。翻动时，可扬汤散热，促使精盐粒溶化，约 15 天即可腌透。

（3）备配料：将大蒜头剥去外衣，剁成蒜蓉；将生姜洗净去皮，切成细丝备用。

（4）切茄片、烫煮：捞出咸茄，切成 0.25 厘米厚的椭圆茄片，放入沸水中煮至八成熟、不硬不烂为止。

（5）冷却、晾干：将烫煮过的茄片捞出，放入冷水中浸泡，进行冷却；再捞出沥干表皮水分，置于阴凉通风处阴干。

（6）装坛、配料：将阴干的茄片装入干净坛内，同时撒入蒜蓉和姜丝，并加入酱油和味精，盖上盖。

（7）酱渍：第二天翻缸 1 次，隔 1 天再翻动 1 次，酱渍4～5天后即成。

3. 制品特点

本茄片深红，蒜姜浅红，红中套红，色形美观，咸辣味鲜，香味浓郁，营养丰富，开胃增食，别有风味。

（七）甜酱乳茄

1. 原料

小茄子 5 千克，甜面酱 0.5 千克，精盐适量。

2. 制作方法

（1）选料、处理：挑选鲜嫩无子的小茄子，去蒂洗净后擦干，切成两瓣，入笼置火上蒸约 20 分钟至基本熟，取出稍晾凉。

（2）调料：将甜面酱、精盐和适量的凉开水放入盆内调稀。

（3）酱渍：将熟茄子加入调料盆内，使每片茄瓣上都沾有面酱，然后装入坛内酱渍 2 天，即可食用。

3. 制品特点

本品色泽酱红，甜咸具酱香，软糯适口。

（八）酱鲜茄

1. 原料

鲜茄子 10 千克，大酱 10 千克，食盐 1.2 千克。

2. 制作方法

（1）清洗、盐渍：将鲜茄子洗净，沥干水。按一层茄子一层盐的顺序将茄子摆入干净大坛内。对入少许浓度 15％的盐水，以促使精盐的溶化。压上干净的石块，每天翻动 1 次。待精盐全部溶化后，每隔 3 天翻动 1 次，共翻动 3 次即可。

（2）浸泡除盐：盐腌 15 天后，捞出茄子，放在清水中浸泡 1 次，中间换 3 次水，使茄子保持略有咸味，再将其置阴凉通风处晾干。

（3）切块、装袋：将茄子切成小块或切条、切片均可，放入多个洁净的小纱布袋中。

（4）装坛、酱渍：将大酱和装有茄子的布袋一起装入干净的大坛中，每天搅动 4 次，酱渍 15 天左右，即为成品。

3. 制品特点

本品软嫩味咸，酱香适口。

（九）韭菜酱茄

1. 原料

茄子4千克，韭菜1千克，大蒜和甜面酱各0.5千克，酱油1千克，香料水1.5千克（用生姜100克，八角、花椒各5克煎制而成），精盐250克。

2. 制作方法

（1）原料处理：将茄子去蒂，洗净，用刀切成两瓣，入笼置火上蒸至七成熟后，切成粗条，放在室外晾晒至六七成干；将韭菜洗净，沥干后切成3厘米长的段，用精盐腌渍4天左右；将大蒜去皮，捣成蒜蓉。

（2）配料、酱渍：将甜面酱、酱油和香料水同放入一盆内拌匀，放入坛内，倒入茄子、韭菜和蒜蓉。每天翻动1次，酱渍10天左右即为成品。

3. 制品特点

本品色呈浅褐，味道清香。

（十）茄子酱

1. 原料

茄子5千克，精盐0.4千克，八角10克，山奈和花椒各6克。

2. 制作方法

（1）预处理：将茄子去蒂后用盐水洗净，切成小方块，入笼置火上蒸熟，取出捣碎后再放入坛中。

（2）配料、封坛：将精盐放入捣碎的茄子中拌匀；将八角、花椒和山奈分别炒熟研细，倒入茄酱中拌匀后封住坛口。

（3）晒制：将封口坛置于阳光下晒数天，即为成品。

3. 制品特点

本品味道咸香，椒香浓郁。

（十一）腌青番茄

1. 原料

青番茄 100 千克，食盐 25 千克，清水 20 千克。

2. 工艺流程

原料选择→整理→漂洗→初腌→晾晒→复腌→成品

3. 操作要点

（1）原料选择：选用肉质肥厚、质地硬，果实为中、小型的新鲜青番茄为原料。剔除红熟、质地变软或腐烂和虫蛀等不合格果实。

（2）整理、漂洗：摘除番茄果实的蒂柄，用清水将其冲洗干净，控干水分，然后在蒂洼周围，用竹签扎 4～5 个小孔，以利于食盐渗透。

（3）初腌：将洗净的番茄与配料中一半用量的食盐，按码一层番茄撒一层盐的方法装入缸内。加盐量缸下面要比上部少，每层再浇洒适量清水，以促使食盐溶化。装满缸后，在番茄表面撒满一层食盐，并用干净石块压紧，进行盐腌。

（4）晾晒：盐腌后，每天倒缸 1 次，连续倒缸 4～5 天。然后将番茄捞出进行晾晒，除去约 30％的水分。

（5）复腌：将经晾晒的番茄与配料中的另一半食盐，又按一层番茄一层盐的顺序装入缸内，并倒入初腌番茄的盐卤，再次进行盐腌。每天倒缸 1 次，连续倒缸 3～4 天，以促使食盐溶化。20 天后用石块压紧，使盐水淹没番茄，即可为成品，封缸保存。

4. 产品特点

本品色泽深绿，质地韧脆，口味鲜咸。食用时可根据不同嗜好，适当拌入其他调味料。

（十二）酸辣泡番茄

1. 原料

青番茄 100 千克，食盐 3 千克，大蒜 1.5 千克，芹菜 0.75 千克，辣根 0.75 千克，干辣椒粉 0.75 千克，香草 0.6 千克，丁香粉 60 克，山梨酸钾 0.25 千克。

2. 工艺流程

原料选择→原料预处理→配调料→装缸→发酵→成品

3. 操作要点

（1）原料选择：选用肉质肥厚、质地坚实、汁液少、干物质多、中等大小、无病虫害、未成熟的新鲜青番茄为原料。

（2）原料预处理：将番茄摘除蒂柄，用清水洗净泥沙和污物，擦干表面水分。然后用打眼器将每个番茄打眼若干个，要求每个眼要穿透。打眼目的是使汤汁易于进入番茄果内，有利下沉。将芹菜摘除老、黄叶和叶柄，用刀削去根须，并用清水洗净，沥干水分，而后切分为 3 厘米长的小段备用。

（3）配调料：按配料比例，将大蒜（去皮分瓣）、辣椒粉、辣根、芹菜、丁香粉、香草等混合在一起，拌匀，配成香料备用。

（4）装缸：按 100 千克番茄用清水 30 千克、山梨酸钾 250 克的比例，先将水煮沸，再加入食盐和山梨酸钾溶化，搅拌均匀，晾凉制成盐水。将番茄装入事先刷洗干净的缸内，每装一层番茄撒一层香辛料，装至满缸，然后将盐水灌入缸内。

（5）发酵：装缸灌汁后，密封缸口。封缸时，可覆盖 2 层油纸（或塑料薄膜），用绳子捆牢，在纸上再糊上用水泥调好的黄泥沙进行密封，置阴凉处进行自然发酵。20～30 天后即可为成品。

4. 产品特点

本品色泽青绿，有光泽，质地清脆，味道酸辣，清香可口。

（十三）醋渍甜辣番茄

1. 原料

番茄 10 千克，食盐 0.4 千克，食醋 0.3 千克，辣根、芹菜、干辣椒粉各 70 克，香草 60 克，丁香粉、香叶粉各 1 小勺，甜蜜素 2.5 克。

2. 制作方法

（1）原料选择和处理：选用果肉肥厚、子室小、肉质硬的八成熟的新鲜小型番茄为原料，剔除未成熟、过熟和受病虫危害的番茄果。摘除果柄，用清水洗净泥土和污物。将芹菜洗净，切段。

（2）烫漂：将洗净的番茄在沸水中烫漂 1～2 分钟，迅速投入冷水中，进行冷却。

（3）配调味液：按配比将各种香料与 3 千克水在锅中加热煮沸，加入食盐和甜蜜素，搅匀，使其溶解，再加入食醋，经纱布过滤制成调味香料液。

（4）醋渍：将经烫漂的番茄擦干水分，装入洁净的坛内，浇入已配制好的调味香液。封盖后，浸渍 5～6 天即可为成品。

3. 制品特点

本品色泽呈淡红，质地柔韧不软烂，味道甜酸，略带辣味，清香宜人。

（十四）清脆红番茄

1. 原料

红番茄 5 千克，精盐 0.3 千克。

2. 制作方法

（1）处理：将新鲜红透的番茄洗净，沥干水分。

（2）热烫：将番茄放入开水中烫 1～2 分钟，捞出，晾凉，撕去皮。

（3）盐渍：将去皮番茄放入干净的坛内，按一层番茄一层精盐的方式进行腌渍，盖好存放 7 天（在此期间有发酵冒气泡的现象是正常的，不是变质）。然后用纸条把盖封起来，放在阴凉通风处，到冬季食用。

3. 制品特点

本品新鲜味香，咸嫩适口。

（十五）芹椒番茄

1. 原料

番茄 5 千克，芹菜、香菜、青椒、精盐各 250 克，蒜头 100克，白糖 130 克，干辣椒叶和胡椒各少许。

2. 制作方法

（1）原料预处理：将番茄和青椒整个洗净；将香菜择洗干净后，切成 6 厘米长的段；将芹菜去根和老叶后，洗干净，切成段；将蒜头从中间切成 2 瓣。

（2）配料：将上述各原料同放入一大菜盆内，拌匀。

（3）装坛、封口：将拌好的番茄码放进干净的坛内，倒入 5千克凉开水，盖上坛口。

（4）发酵：将坛子放在阴凉处，在室温下发酵 3～5 天。待番茄起白沫、有香味时，撇去白沫，把菜坛放在 0℃ 左右的地方冷藏，随吃随取。

3. 制品特点

本品酸香微辣，咸脆爽口。

（十六）香辣白菜番茄

1. 原料

番茄 2 千克，圆白菜 2 千克，大葱 100 克，大蒜 60 克，红辣椒 200 克，精盐 250 克，辣椒粉 15 克。

2. 制作方法

（1）原料预处理：选用八成熟的番茄，洗净，沥干，将小的切成 2 瓣，大的切成 4 瓣，再横切成片状；将圆白菜洗净后，从中部切开，再一叶一叶撕开，抹上精盐腌半小时，捞出漂洗 2 遍后沥干，将菜叶叠加在一起，切成长和宽各 3 厘米的片；将葱洗净切丝；将大蒜去皮剁碎。

（2）拌调料、装坛：将辣椒粉、葱丝、蒜蓉和番茄片混合在一起，拌匀后，装入干净的坛内，每放一层圆白菜铺一层番茄。装完 1 小时后，倒入晾凉的淡盐开水，盖好坛口，腌渍 4 天左右即可食用。

3. 制品特点

本品味道香浓，酸辣俱全，咸淡适口。

（十七）多味小番茄

1. 原料

小番茄 3 千克，辣椒粉 20 克，香菜末和芹菜末各 30 克，丁香粉 1.5 克，精盐 120 克，醋 90 克，味精 1.8 克，甜蜜素少许。

2. 制作方法

（1）番茄处理：将八成熟的番茄去蒂后，放入沸水中烫一下，再捞起投入冷水中冷却，取出沥干水分。

（2）拌料：将芹菜末、香菜末、辣椒粉和丁香粉同放一盆内拌匀，加入适量清水，倒入不锈钢锅内煮沸。改小火微沸 30 分钟后，撒入精盐、味精和甜蜜素。搅动待精盐溶化后，用两层干净纱布滤去菜渣，倒入盆内，晾凉，加入醋，搅匀。

（3）装坛、封口：将番茄和上述料汁一并倒入干净坛内，密封坛口，放在阴凉通风处，几天后即可食用。

3. 制品特点

本品质地鲜嫩，酸辣香甜，多味可口。

（十八）桂花酱渍番茄

1. 原料

番茄 5 千克，酱油 4 千克，桂花 50 克，浓度为 20％的盐水适量。

2. 制作方法

（1）番茄预处理：选用未成熟的青番茄，洗净去蒂，并用尖针将番茄尾部戳几个小洞（使咸味能渗入番茄内部）。

（2）盐渍：把盐水放入干净的坛内，将上述番茄放进坛中盐水里腌渍。每隔 2 天翻动 1 次，持续翻 3 次，10～14 天后，即成咸番茄。

（3）切块、浸泡：将咸番茄捞出，切成 4 块，放入清水中浸泡 3 小时左右，捞出阴干。

（4）酱油浸渍：将阴干的番茄与酱油一起倒入一干净坛内，每天翻拌 1 次，浸泡 7 天。

（5）拌花、封坛：7 天后捞出番茄，沥干酱油，撒入桂花拌和后，装进新坛密封。酱渍 3～4 天即为成品。

3. 制品特点

本品色泽深红，入口味鲜，桂香浓厚，营养丰富，风味独特。

（十九）桂花酱油番茄

1. 原料

咸番茄 5 千克，酱油 1.5 千克，桂花 50 克。

2. 制作方法

（1）咸番茄预处理：将咸番茄洗净，切成片，放入清水中浸泡 4 小时，中间换 2 次水，捞出沥干水分，再阴干 1 天。

（2）酱渍：将酱油放入坛中，投入准备好的番茄片浸泡，每天翻动 2 次，泡 1 个星期。

（3）拌花、装坛：捞出番茄片，沥干酱油，拌入桂花，装入坛内，封严，酱渍 3 天左右即成。

3. 制品特点

本品鲜脆香浓，脆嫩味鲜，香气浓郁。

（二十）番茄脯

1. 原料

鲜番茄 10 千克，白砂糖 6 千克，柠檬酸 30 克，0.5％的石灰水适量。

2. 工艺流程

原料挑选→洗涤→成型→硬化→漂洗→沥干→冷渍法糖浸→加酸→干燥→包装→成品

3. 操作要点

（1）原料挑选：选取健全、无病虫害、中等大小（直径 4 厘米左右）、圆形的成熟番茄，成熟度最好是坚熟期，这时果实饱满、颜色鲜红。

（2）洗涤：用清水洗涤干净，除去泥污。

（3）成型：除去果蒂后用刀片在果实周围划 4～6 道小缝，稍加压，去掉部分种子和汁液而成饼状。

（4）硬化：用 0.5％的石灰水浸 4 小时，水浸没番茄，使其硬化。

（5）漂洗、沥干：反复用清水漂洗 3～4 次，每次 1～2 小时，捞出沥干水。

（6）冷渍法糖浸：第一天，原料（番茄）用浓度为 95％的糖液浸泡，糖液需没过原料表面。第二天，把糖液抽出，加热浓缩至 30％～35％（原料不直接加热），再把浓缩的糖液倒回原料中，继续浸泡。第三天与第二天操作相同，将糖液浓缩到 40％～42％，原料继续浸糖。第四天，将糖液浓缩到 45％～48％。第五天，将糖液浓缩到 50％～55％。第六天，将糖液浓缩到 60％。第七天，再将糖液浓缩到 60％～65％。

（7）加酸：在浓缩糖液中，加入 0.5％柠檬酸（用量相当于糖液重）浸泡 1 天，这时果肉已吸饱糖分而呈透明状态。

（8）干燥：在 60℃温度条件下烘烤到含水量为 20％。

（9）包装：用食品塑料袋进行包装，2～3 个一小袋或 250 克一大袋均可。

4. 产品特点

本品入口爽脆，甜度适宜，表面透明、鲜红，有光泽，具番茄特有芳香。

（二十一）脱水番茄片

1. 原料

新鲜番茄 100 千克。

2. 工艺流程

原料预处理→浸渍→脱水干制→回软、包装→成品

3. 操作要点

（1）原料预处理：选用成熟度较低（果皮快要红时采收）、果肉厚而致密、汁水较少的番茄。将其清洗去掉泥沙、叶柄等杂

质后，以切菜机切分，横切成厚约 1 厘米的片。

（2）浸渍：为了提高脱水番茄的质量，改善制品外观色泽，脱水前应用 0.6％的亚硫酸钠溶液浸渍 5～8 分钟。

（3）脱水干制：一般用隧道式干燥机进行脱水，温度为 60℃～70℃。起始温度 45℃～55℃，然后逐渐提高温度到 75℃，后期降温到 50℃。干燥温度不宜过高，以免使番茄色泽变深。

（4）回软、包装：烘干的番茄可放入室内回软，平衡水分，然后包装。包装器具一般采用马口铁罐抽气包装，或用塑料袋真空包装。

4. 产品特点

本品色泽淡红，厚薄均匀，基本保持番茄的原味，水分含量小于 8％。

（二十二）番茄饮料

1. 原料

番茄 1 千克，白砂糖 250 克，精盐 10 克，柠檬酸 7.5 克，蛋白糖少许。

2. 制作方法

（1）选料：挑选好的熟透了的番茄，不要腐烂变质和未成熟的青色番茄。

（2）漂洗、修整：用清水将番茄漂洗干净，去掉柿柄和周围硬质部分。

（3）切碎、榨汁：将番茄放入 4 千克沸水中烫至皮裂，速入冷水，撕去表皮，切碎，倒入打浆机中，加适量已晾凉的沸水，一同打浆。

（4）稀释、过滤：将打好的浆汁加入剩余的煮沸水搅匀，用洁净纱布过滤，除去番茄子。

（5）调配：将白砂糖、蛋白糖、柠檬酸和精盐加入滤液中，搅溶。

（6）杀菌、装瓶、冷却：将调好味的滤液用不锈钢锅煮沸5分钟，趁热装瓶。冷却后，入冰箱，供随时取用，饮用前摇匀。

3. 制品特点

本品为淡红色浑浊汁液，甜酸适口，富含维生素 C，具有清热生津、养阴凉血、通利大小便、减肥美容、抗衰老等作用。

注意：糖尿病人不加糖，以蛋白糖代用；不要空腹饮用，以防腹痛。

（二十三）调味番茄酱

1. 原料

番茄原浆 100 千克，白糖 10 千克，柠檬酸 300 克，食盐 1 千克，味精 200 克，淀粉 3 千克，洋葱 1.5 千克，蒜 100 克，辣椒 50 克，香辛料适量（丁香、桂皮、豆蔻各 10 克）。

2. 工艺流程

原料选择→清洗→破碎→打浆→预煮浓缩→加调味料→煮制→装瓶、封口→杀菌→冷却→成品

3. 操作要点

（1）原料选择及清洗：选颜色深、可溶性固形物高、成熟度适宜、新鲜无病虫害的番茄。将其清洗干净，挑出烂果、青果。将洋葱、蒜、辣椒等去外皮或根，清洗干净，用搅拌机捣碎。将香辛料用水熬煮，过滤后备用。

（2）破碎、打浆：先将番茄破碎后进行加热处理（80℃以上），再用打浆机进行打浆，除去皮和种子。

（3）预煮浓缩：采用真空浓缩，有利于制品色香味的保持。浓缩至可溶性固形物为 12%～14%即可。

（4）加调味料、煮制：将全部配料依次加入，淀粉要用番茄原浆溶解，加入时要不断搅拌。醋在最后加入。煮制时注意搅

拌，以防煮焦。煮至可溶性固形物为 25％～30％即可。

（5）装瓶、封口：煮制好后，要快速装瓶封口，密封温度要求大于 85℃。装瓶前空瓶要清洗干净，消毒 15 分钟，瓶盖也要清洗干净，用沸水消毒。

（6）杀菌、冷却：密封后，趁热放入沸水锅中杀菌 10 分钟。分段冷却至室温，即为成品。

4. 产品特点

本品色泽鲜红，酱体均匀细腻，不分层；具有番茄沙司应有的风味，无异味；可溶性固形物含量 25％～30％。

（二十四）番茄果茶

1. 原料

鲜番茄果浆 1 千克，水 5 千克，白砂糖 600 克，柠檬酸 30克，L -抗坏血酸 10 克。

2. 制作方法

（1）选料：挑选成熟的好番茄，剔除腐烂变质和青色未熟的。

（2）预处理：将番茄用清水漂洗干净，去柿柄和周围硬的部分，再去掉硬疤痕等。

（3）切碎、榨汁：将番茄切小捣碎，榨出汁液。

（4）煮沸、过滤：将上述汁液煮沸，经洁净两层纱布过滤，除去皮和子粒，得鲜番茄果浆。

（5）调配：按原料配比，先将砂糖加适量水溶化后，经纱布过滤，再将糖浆和溶好的柠檬酸及适量淀粉溶液（增稠目的）加入番茄果浆中，搅拌均匀。

（6）均质：将经过调配的番茄果茶再次倒入捣碎机进行均质、混合，即得番茄果茶。

（7）装罐：将上述果茶分装入洁净的玻璃瓶中。

（8）脱气、封盖：先不将果茶瓶封严，放沸水锅中加热，帮助果茶脱气，然后封盖。

（9）杀菌：将封好的果茶瓶继续在 100℃ 水中杀菌 30 分钟，然后分段冷却至室温，即为成品。

3. 制品特点

本品为家庭纯天然高级营养型饮品，汁液浑浊均匀一致，甜酸适口，不加防腐剂和色素，食用安全，为儿童、老弱病人及妇女的廉价滋补品。

（二十五）番茄山楂复合饮料

1. 原料

番茄 250 克，山楂 50 克，蜂蜜 50 克，食醋少许。

2. 制作方法

（1）选料、处理：选用新鲜熟透、橙红色的番茄和果大气香、味酸甜的山楂为原料。用清水将番茄、山楂洗干净，用 1% 盐水或用 0.2% 的高锰酸钾溶液浸泡 20 分钟杀菌消毒，最后再用清水冲洗干净。

（2）榨汁：将番茄通过榨汁机取汁后，用旺火煮沸 5 分钟；将山楂去蒂、切碎，放入锅里，加适量水加热软化，温度控制在 85℃～95℃，时间为 20～30 分钟，自然冷却后渗浸 12～24 小时，总用水量约为鲜山楂重量的 3 倍。

（3）杀菌、装瓶：将混合料液倒入锅中，以旺火煮沸，进行杀菌，再趁热倒入洗净消毒的玻璃瓶内，封盖。倒置几分钟，稍凉后，入冷水中快速冷却，即可随时饮用。

3. 制品特点

本品营养丰富，为深红色浑浊液，酸甜适口，具番茄和山楂复合香味，无异味，有生津止渴、化食开胃、解毒美容等作用。

（二十六）干辣椒

1. 原料

新鲜红辣椒。

2. 工艺流程

选料→分级→烘制→排湿→翻椒→脱水→回烘→回软→包装

3. 操作要点

（1）选料：加工干辣椒的原料应选择充分成熟、果实鲜红的新鲜辣椒。

（2）分级：将辣椒按成熟度分级，然后按色泽、大小分别装盘。

（3）烘制：用烘盘装鲜椒 7～8 千克/米²。入烘房烘制时，温度控制在 85℃～90℃，室内温度应保持在 60℃～65℃，烘 8～10 小时。

（4）排湿：因辣椒在高温下水分易蒸发，故会使烘房湿度增大，所以要及时打开进气窗和排气筒进行通风排湿。

（5）翻椒：干燥期间要经常调换辣椒位置，使其干燥均匀。

（6）脱水、回烘：当辣椒干燥到能弯曲而不折断，品温达到 60℃～70℃时，取出倒入筐内，压实压紧，盖上草帘，压上石头，以促进辣椒内部水分向外转移。12 小时后，当辣椒含水量降至 50％～55％时，即迅速装盘。将脱水装盘后的辣椒送烘房回烘，温度控制在 55℃～60℃，经 10～12 小时后即结束干燥。

（7）回软：将干燥后的辣椒压紧盖实，堆积 3～4 天，使水分均衡，质地变软，以便包装保存。

（8）包装：用双线麻袋或 PE 塑料袋包装，要求装实，以防受潮虫蛀。

4. 产品特点

本品呈红色，光洁美观，为制辣椒粉的好原料，也是我国出口创汇的好产品。

（二十七）泡香甜椒

1. 原料

甜柿椒 5 千克，新盐水 2.5 千克，老盐水 2.5 千克，食盐 750 克，红糖 125 克，小尖红辣椒 250 克，香料包 1 个。

2. 制作方法

（1）原料选择及处理：选用肉质肥厚、质地脆硬、无皱皮、无病虫害的新鲜大红甜柿椒为原料。剪去柿椒的果柄，用清水洗净，晾干表面的水分。

（2）装坛：先调配盐水，按配料比将新、老盐水和红糖、食盐等混合在一起，搅拌均匀，使食盐和红糖溶化，配制成泡菜盐水。再将甜柿椒装入事先洗刷干净的泡菜坛中，边装边填实。装至半坛时，放入香料包，继续装至八成满。再把小红辣椒装在表面，用竹片卡紧。然后倒入调配好的泡菜盐水，盐水应淹没甜椒。

（3）发酵：装好坛后，盖好坛盖。用 10％的盐水注满坛沿水槽。将泡菜坛置于通风、干燥、清洁处进行发酵，约经 1 个月即可为成品。

3. 制品特点

本品色泽鲜红，质地清脆，咸香带酸，余味回甜。

（二十八）腌红椒

1. 原料

鲜红辣椒 5 千克，精盐 1 千克，白糖 250 克，料酒 50 克。

2. 制作方法

（1）原料处理：将红辣椒去蒂后洗净，投入开水锅中焯 5 分钟，迅速捞出，沥干表面的水分。

（2）配料、腌制：将辣椒晾凉后，倒入大盆中，加入精盐和白糖拌匀。腌24小时后倒入干净坛内，浇入料酒，密封腌60天后即可。

3. 制品特点

本品肉质醇厚，脆嫩适口。

（二十九）糟咸椒

1. 原料

鲜辣椒5千克，精盐800克，生姜400克，醪糟汁100克，味精3克。

2. 制作方法

（1）原料处理：将无虫蛀的鲜辣椒去蒂，用清水洗净后切成小块；将姜洗净，去皮切末。

（2）调料：取一洁净盆，将姜末、辣椒、精盐、醪糟汁（用开水泡开醪糟，再用纱布过滤取汁）和味精一并放入盆内，拌匀。

（3）装坛、腌渍：将拌好的料都投入刷净晾干的坛内，压紧后，密封坛口，腌渍1个月后即成。

3. 制品特点

本品质地脆嫩，味道香辣。

（三十）酱酸椒

1. 原料

小青辣椒5千克，酱油2千克，醋1千克，食盐400克，花椒、八角各10克，食用植物油100克，白糖50克。

2. 制作方法

（1）选椒、洗烫：选用无虫蛀的辣椒，用清水洗净后晾干，投入开水锅中略焯一下，捞出后沥干水分。

（2）制酱卤：将锅置火上，放入酱油、醋、精盐、白糖、花椒、八角和 3 千克水，熬煮成酱卤。

（3）冷却、入缸、浸泡：待酱卤晾凉后倒入小坛中，投入小青辣椒浸泡。

（4）酱渍：先把锅置火上，放油烧热，再投入花椒，制成花椒油，放入泡辣椒内。酱渍 20 天左右即可食用。

3. 制品特点

本品油润香辣，色泽深绿，酸咸可口。

（三十一）五香酱椒块

1. 原料

鲜红辣椒 100 千克，黄豆 22 千克，食盐 15 千克，稀黄酱 8 千克，芝麻 1 千克，五香粉适量。

2. 工艺流程

制辣椒酱→辅料处理→加调料→压膜干燥→成品

3. 操作要点

（1）制辣椒酱：先将红辣椒洗净，择去蒂把，用石磨或电磨磨细，边磨边加盐，使辣椒成为辣椒酱。在磨辣椒酱时，可适当加入一些凉开水，使磨出的辣椒成酱状，盛入盆内备用。

（2）辅料处理：将黄豆除去杂质后，洗净，晾干，用温火焙熟后，磨成细粉；再将芝麻洗净后，晾干，上锅炒至焦黄，备用。

（3）加调料：在辣椒酱内加入黄豆粉、稀黄酱（如无稀黄酱，可以在黄酱内适当加入凉开水，搅稀）、五香粉，并搅拌均匀。

（4）压膜干燥：加调料后摊入木模型内，压紧按平，用盐水抹光表面，撒上炒熟的芝麻，晒干或烘干后即成。

4. 产品特点

本品色泽鲜嫩，质地酥软，香辣味浓。

（三十二）酱尖椒

1. 原料

鲜绿小尖辣椒 100 千克，浓酱油 125 千克，食盐 12 千克，冬蜂蜜 6 千克。

2. 工艺流程

原料选择→腌制→晒干→加蜜酿制→酱制→成品

3. 操作要点

（1）原料选择：选用皮薄肉厚，子粒饱满，辣味纯正，个头均匀，长 3~4 厘米，且个体完好，无病虫害，蒂把俱全，不干不瘪，色绿鲜亮的小尖头辣椒为原料。

（2）腌制：将辣椒逐个剪去柄，只留 1 厘米长的蒂柄。用清水洗净，控干水分，放入一干净盆内，加入精盐，拌匀，再装入干净的瓦缸内腌制 2 天。

（3）晒干：2 天后，捞出辣椒，摊在竹帘上晾晒。待辣椒表面水分已干，呈灰白色时收起，重新放入缸内。

（4）加蜜酿制：在缸内加入蜂蜜，搅拌均匀，酿制 2 天。

（5）酱制：将酱油放入锅内，烧沸熬制，晾凉，再倒入盛辣椒的缸内，使酱油汁没过辣椒，进行酱制。在酱制过程中需经常翻动，前期每天翻动 1 次。此菜缸可放在室外，不怕日晒，但不可进雨水。按上法酱制 1 个月，当辣椒色泽变黑亮时，捞出，晒去部分水分，即可食用。

4. 产品特点

本品色泽黑亮，质地脆嫩，口感甜咸，鲜辣味美，具有开胃增食、温中祛寒作用。

（三十三）腌青椒

1. 原料

青辣椒 5 千克，精盐 750 克，干姜 20 克，花椒 10 克，八角 15 克。

2. 制作方法

（1）原料预处理：将新鲜青辣椒去杂后洗净，置于阴凉通风的地方晾干后，扎眼；将干姜、花椒和八角装入布袋中，扎住袋口，即成调料包。

（2）制调料盐水：将锅置火上，放入 300 克清水，加入精盐和调料包，煮沸 4 分钟左右，捞出调料包，待料液自然冷透。

（3）装坛：将晾干的青辣椒装入坛中，再注入冷透的盐水，盖上盖。

（4）腌渍：以后每天上下翻动 1 次，连续翻动 4 天，腌渍 1 个月左右，即成成品，可供食用。

3. 制品特点

本品椒色翠绿，咸辣入味，清香嫩爽，适宜佐餐，别有风味。

（三十四）玉米香椒

1. 原料

鲜红辣椒 5 千克，玉米 1 千克，精盐 300 克，姜汁 75 克，花椒粉 40 克。

2. 制作方法

（1）选料、整理：选用新鲜、肉厚、硬实的红辣椒，将其去杂洗净后晾干、剁碎，放入盆中。将玉米拣去杂质后磨成粗粉。

（2）拌料：将玉米粗粉、精盐、姜汁、花椒粉一起拌入剁辣椒中，拌匀（用手抓不出水即可）。如果有水出，还须再加玉米

粗粉，直至抓不出水为止。

（3）装坛、密封：将上述拌好的物料装入洁净的坛中，密封起来。

（4）腌渍：腌渍 1 个月左右，即可取出，用油炒熟食用。

3. 制品特点

本品色泽白中泛红，犹如樱花盛开，味道咸辣鲜香，软糯爽口，风味独特。

（三十五）四味香椒

1. 原料

新鲜尖辣椒 5 千克，韭菜花 2.5 千克，鲜嫩花椒 400 克，大蒜瓣 800 克，精盐 1 千克，香油少许。

2. 制作方法

（1）原料预处理：将新鲜尖辣椒洗净、晾干、剪去蒂，花椒去叶和梗，大蒜剥去外皮，韭菜花择洗干净。

（2）配料：将辣椒、韭菜花、花椒和大蒜瓣一起用刀剁碎，再用刀背砸成泥状，加入精盐，搅拌均匀。

（3）装坛、封口、腌渍：将拌好的料装入洁净小坛中，加盖封口。腌渍 7 天后取出，淋入少许香油拌匀，即可食用。

3. 制品特点

本品色泽美观，味香扑鼻，咸辣适口。

（三十六）朝鲜多味椒叶

1. 原料

青辣椒叶 1 千克，酱油 400 克，辣椒粉、姜末、蒜汁、葱段各约 10 克，味精和芝麻各适量。

2. 制作方法

（1）椒叶预处理：将青辣椒叶洗净，用沸水焯一下，捞出用凉水冷却后沥干。

（2）配料、酱泡：将酱油、辣椒粉、蒜汁、姜末、葱段和味精同放一碗内，搅拌均匀，放入辣椒叶浸泡 6 天，每天搅拌 1 次，食前拌入炒熟的芝麻即可。

3. 制品特点

本品咸香辣鲜，风味独特，为朝鲜风味菜。

（三十七）川式蜜椒

1. 原料

鲜辣椒 100 千克，川白糖 70 千克，石灰适量。

2. 工艺流程

选料→清洗→切分、去子→硬化→烫漂→浸糖→糖煮→上糖衣→成品

3. 操作要点

（1）选料、清洗：选柄蒂完整、鲜红硬实、大小一致、无病虫害的牛角形大辣椒（伏天收），将其用水洗净。

（2）切分、去子：在椒体上斜划 2～3 厘米长的小口，去子，保持蒂柄完整。

（3）硬化：用浓度为 3％～5％的石灰水浸泡 3～4 小时，上压重物，至辣椒颜色呈黄色时捞出漂洗。

（4）烫漂：用清水漂洗 10 小时后，入沸水煮沸 1 分钟，捞出，再用清水浸漂 4～5 小时，1 小时换 1 次水。

（5）浸糖：将辣椒浸于浓度为 40％的冷糖液中，1 天后捞出。将糖液煮沸，投入辣椒，再浸 1 天。如此重复 3 次，至辣椒饱满为止。

（6）糖煮：将椒体同糖液一起煮 30 分钟，至糖液浓度达 55％时起锅，浸渍 24 小时；再煮至糖液浓度达到 65％，起锅浸渍 7 天；再煮时加入 35％浓度的糖液，待糖液浓度达 70％以上

时捞出。

(7) 上糖衣：沥去余糖，冷却后上糖衣，糖衣要均匀一致。

4. 产品特点

本品色泽红亮，糖衣如雪，口味细腻滋润，纯甜清香，微带辣味。

（三十八）什锦椒包

1. 原料

大红柿子椒 5 千克，什锦菜馅 6 千克，白糖 250 克，甜面酱 7 千克。

2. 制作方法

(1) 柿椒处理：将大柿子椒去蒂洗净，放入清水中浸泡 4～6 小时，其间换水 2 次，取出晾干。

(2) 准备什锦馅：将咸苤蓝、苤黄瓜和咸芥菜分别洗净，沥干后切成丁；将花生仁、瓜子仁和核桃仁炒熟去皮，杏仁泡好后煮熟去皮，生姜洗净去皮切丝；将果脯切成碎块，青红丝切成细丝，拌入适量的白糖，即为什锦菜馅。

(3) 椒包馅：将脱水后的柿子椒从蒂部切开一个口，把调制好的什锦馅填入，最好填满，用手捏合后，装入纱布袋中。

(4) 入坛、酱渍：将纱布袋放入酱坛内进行酱渍。每天翻动 1 次，每 4 天揭盖放风 1 次，酱渍 7～10 天即为成品。

3. 制品特点

本品色红鲜嫩，甜中微辣，风味独特，香脆诱人。

（三十九）酱蜜椒

1. 原料

辣椒 5 千克，蜂蜜、精盐和酱油各适量。

2. 制作方法

（1）选料、预处理：选无破损、无虫蛀、约6厘米长的鲜绿小辣椒，洗净，留下1厘米长的柄。

（2）盐腌：撒入精盐，搅拌均匀，在坛内腌渍2天。

（3）晾晒：然后从坛中取出晾晒，待辣椒晒至表面呈灰白色时为止。

（4）入坛蜜渍：将晒白的辣椒再放进坛内，倒入溶化的蜂蜜（用量可视个人口味而定），充分搅拌，进行蜜渍。

（5）酱渍：2天之后，再把酱油倒入坛内，酱油用量以淹没辣椒表面以防霉变为度。每天搅拌1次，使其上下浸泡均匀。辣椒变黑发亮时，即可食用。

3. 制品特点

本品辣咸回甜，鲜脆爽口。

（四十）南方油香辣椒

1. 原料

干红辣椒和青椒各2.5千克，芝麻和精盐各250克，黄豆500克，白糖50克，植物油80克。

2. 制作方法

（1）洗净、剁碎：将干红辣椒和青椒去蒂去子后洗净，晾干后剁碎放入盘中。

（2）配料处理：将芝麻拣去杂质，炒香压碎；将黄豆炒香后磨成粉；将姜洗净去皮，切成末。

（3）炒料：将炒锅置火上，放入植物油，烧至三四成熟时，投入辣椒末（火不宜旺，防止炒焦），再放入芝麻、黄豆粉、姜末、精盐和白糖等调料，炒匀。

（4）冷却、入坛、封口：将炒好的物料离火冷却，然后倒入坛中或大玻璃瓶中，密封坛口（或瓶口）。渍10天左右，便可随

食随取。

3. 制品特点

本品色泽火红，油润光亮，麻香浓郁，辣味可口，极具南方风味。

（四十一）双色椒酱

1. 原料

青辣椒 3.5 千克，干红辣椒 1.5 千克，黄豆 500 克，芝麻、精盐、酱油、生姜和植物油各 250 克。

2. 制作方法

（1）原料预处理：将青辣椒和红辣椒分别洗净晾干，再剁成碎末；将黄豆拣去杂质，洗净后晾干，入锅炒香后磨成粉末；将芝麻拣去杂质，冲洗一下，晾干，入锅炒香压碎；将生姜洗净去皮，剁成姜末。

（2）炒料：把炒锅置火上，放入植物油，烧至三四成熟时，投入青、红辣椒碎末炒几下，再加入黄豆粉、芝麻、姜末、精盐和酱油，继续不停炒 2～3 分钟。

（3）晾凉、入坛：待物料晾凉，一并倒入腌坛中密封。数天后，即可随吃随取。

3. 制品特点

本品色泽火红，辣中微咸，香味浓郁，芳香诱人。

（四十二）果味辣椒酱

1. 原料

（1）盐渍阶段：鲜辣椒 100 千克，食盐 25 千克，明矾 100 克。

（2）配制阶段：辣椒咸坯 100 千克，苹果 17 千克，洋葱 2.5 千克，大蒜头 380 克，生姜 380 克，白糖 5 千克，冰醋酸 300

克，味精 500 克，柠檬酸 1 千克，山梨酸钾 150 克，食用香蕉香精 4 克。

2. 工艺流程

原料处理→腌咸坯→脱盐→制辣椒糊→制苹果糊→制香辛料糊→拌料→装坛、封口→成品

3. 操作要点

(1) 原料处理：选用肉质肥厚、无病虫害的大红灯笼椒为原料，将鲜辣椒洗涤干净，捞出，沥去水滴。再将洗净的辣椒摘去蒂把，用直径约 2.5 毫米的双头竹针在蒂把上扎 2 个眼，同时刺破果内隔膜。

(2) 腌咸坯：辣椒扎好孔后，立即将其投入 21％浓度的食盐水中。同时，加入明矾，至满缸，盖上竹篾，压至不让干辣椒露出水面。每 3 小时转缸翻菜 1 次，灌入原卤；同时，补加食盐，以确保盐水浓度为 21％。反复操作 20 次，即为咸坯。

(3) 脱盐：将辣椒咸坯去子撕块，每块约 2 厘米²，置 1.5 倍清水中浸泡 4 小时。其间换水 10 次，进行脱盐。

(4) 制辣椒糊：将脱盐辣椒置高速捣碎机中，并加入浓度为 5％，用量为辣椒质量 10％的食盐水，粉碎成辣椒糊，备用。

(5) 制苹果糊：将苹果置清水中洗净，削去表皮，挖掉种子和果心，再放入清水中，漂洗干净，切片，放入沸水中烫 2～3 分钟。将其放入高速捣碎机中，并加入浓度为 5％，用量为苹果重量 10％的食盐水，捣碎成糊状，即苹果糊。

(6) 制香辛料糊：将生姜洗净，去表皮，切成 5 毫米厚的薄片；将蒜瓣剥去种皮，洗净；将洋葱洗净，剥掉外层老皮，切成 5 毫米宽的丝。将生姜、洋葱、蒜瓣混合，置高速捣碎机中，加入浓度为 5％，用量为原料质量 10％的食盐水，粉碎成糊状，制成香辛料糊。

(7) 拌料：照配比将味精、柠檬酸、白糖、山梨酸钾及香蕉

香精分次加入辣椒糊与苹果糊，拌和均匀。

(8) 装坛、封口：置阴凉处，过数天后，即为成品。

4. 产品特点

本品色泽红黄鲜艳，具有辣椒与苹果、香蕉及各种香辛料混合香气。滋味鲜甜，酸咸适口，略有辣味，果味明显，质地细腻、均匀，无杂质。

（四十三）盐白椒

1. 原料

鲜青椒 10 千克，精盐 400 克。

2. 制作方法

(1) 选料：选用中、晚熟品种牛角椒、光皮椒等鲜青椒为原料，剔除有病斑、虫眼和霉烂变质及损伤的椒。

(2) 预处理：将采回的辣椒剪去椒柄，放进沸水中烫一下，取出放到晒垫上摊匀，任太阳烤晒。至表面水已干时，再用剪刀逐一将辣椒圆头部分剪开（不要剪破成两半）。

(3) 晒制：继续晒至每 10 千克鲜青椒干成 3.8～4.2 千克，且两面全部转白为止。

(4) 拌盐、装坛：拌入 400 克左右的精盐，拌匀后，装入洁净的坛内，压紧实，坛口塞满稻草。再用 3 层薄膜覆上坛口，用绳子扎紧。6～8 天后，取出晾干至 2.6 千克左右即成。若想长期保存盐白辣椒，则需再装坛压紧，密封坛口。

3. 制品特点

本品表皮白色，有光亮，鲜香清脆，咸辣适口。

（四十四）剁辣椒

1. 原料

红辣椒 10 千克，精盐 1.8 千克，明矾 12 克。

2. 制作方法

（1）选料：选用肉质厚且不太辣的中、晚熟辣椒中的红椒为原料。

（2）原料预处理：去椒柄，用清水洗净，晾干水分，再剁碎。

（3）配料：按原料配方，将剁好的鲜红椒放入精盐和明矾，拌匀。

（4）装缸：把拌好的物料装进洁净的坛内，连渍2天，每天翻动1次，再装入坛内。再按每10千克鲜红椒放200～300克细盐的比例，在坛口撒上封口盐。在坛口铺3～4层荷叶，再糊上10～13厘米厚的黄泥，将坛口密封，置阴凉处。过10天左右，即可食用。

3. 制品特点

本品色红，鲜香爽口。

（四十五）辣椒油

1. 原料

红辣椒粉10千克，茶油8千克，麻油2千克，精盐3千克，酱油27.5千克。

2. 制作方法

（1）备料：按配方备好红辣椒粉、茶油、麻油、精盐和酱油。

（2）拌料：先将精盐加入酱油中，拌和好；然后把辣椒粉装入洁净的坛子里，将酱油倒入辣椒粉中拌匀；盖好，存放12小时左右。

（3）烧油、入缸：将茶油烧熟后，立即倒入缸内，再一次搅匀。装坛密封即成。

3. 制品特点

本品色红油亮，香辣诱人，为拌面条和拌凉菜的最佳调味料。

（四十六）虾油青椒

1. 原料

青辣椒 10 千克，虾油 7.5 千克，精盐 2 千克。

2. 制作方法

（1）选料：选用肉质厚、质地脆、无病虫害的新鲜小圆青辣椒为原料。

（2）预处理：用手掰去青椒果柄，同时用竹签在果柄根处的果肉上扎数个小孔，并由小孔向内拨倒椒中的隔膜。

（3）盐腌：先将配料中的精盐配成 21%～22% 浓度的盐水，而后将经预处理的青椒放入盐水，进行浸泡盐渍。每隔 2 小时翻动 1 次。盐渍 6～8 小时捞出，空净盐水。

（4）虾油渍：将经盐渍的青椒装入干净的缸（或坛内），按配料比例倒入虾油，进行浸渍。

（5）翻动、成品：每天翻动 1 次，经 15～20 天即为成品。

3. 制品特点

本品色泽碧绿，质地清脆，虾味浓郁，鲜咸可口。

三、豆类制品

（一）干豆角

1. 原料

新鲜豆角 50 千克。

2. 工艺流程

选料→热烫→晒制→蒸煮→干制→晾凉、包装→成品

3. 操作要点

（1）选料：选择豆荚长直、肉质肥厚、无病虫害的浅绿色鲜嫩长豆角（即豇豆）作为原料，洗净沥干。

（2）热烫：将水烧开，把洗净的豆角放入夹层锅内，注意沸水要浸过豆角。待锅内的水再次沸腾时烫 2～3 分钟后便将豆角捞出，沥干水。

（3）晒制：将烫过的豆角铺在干净竹席上，铺薄、铺匀，在太阳下晒 5～8 小时。见豆角的向阳面由青色变成青白色时，再将其翻转过来，使原来的底面朝上向阳。或者用烤房人工脱水，脱去约 15％ 的水分即可。

（4）蒸煮：将脱去部分水的豆角放入蒸笼内蒸柔软。蒸时，先把水烧开，使蒸笼预热，再把豆角装进去。装满后，盖上笼盖压紧，加大火力，等到蒸笼冒出大量热气时，开始计时，10 分钟后即可出笼。

（5）干制：将蒸制出笼的豆角摊放在竹席或干燥盘上，放到太阳下晒 3～5 天，或者用烤房人工脱水。

（6）晾凉、包装：晾凉后进行包装，即为成品。注意在室内自然放置 1～2 天再包装，让豆角略显柔软为好，否则太脆，易碎。

4. 产品特点

本品色泽墨绿，柔软清脆，水分含量少于 10％。

（二）腌咸豆角

1. 原料

豆角 5 千克，精盐 1 千克，八角、生姜、花椒各少许。

2. 制作方法

（1）选料与处理：选鲜嫩的无子粒的豆角，去蒂、去筋后，用清水洗干净，沥干表面水分。

（2）配料、入坛腌渍：按个人喜好，将精盐、八角、生姜和花椒放进干净坛内，加入 5 千克开水。晾凉后，投入豆角，盐水要求浸没豆角。上面压重物，盖上盖，腌渍 7 天后即可食用。

3. 制品特点

本品鲜咸香脆，为佐餐的好小菜。

（三）酒香酸甜豆角

1. 原料

豆角 5 千克，精盐 500 克，白糖 150 克，白酒和生姜各 100 克，大蒜头 250 克，花椒和醋各少许。

2. 制作方法

（1）豆角处理：将鲜豆角择洗干净后摊晒至六七成干，装入坛中。

（2）配调料：用 5 千克水把精盐和白糖化开，煮沸、晾凉后与白酒、花椒、醋、大蒜、生姜一起倒入豆角坛内。

（3）腌渍：盖严盖，坛沿装满清水，腌渍 5 天后即可食用。

3. 制品特点

本品酒香味甜，菜美适口。

（四）甜酱豆角

1. 原料

新鲜豆角 100 千克，甜面酱 20 千克，食盐 10 千克。

2. 工艺流程

选料→腌制→沥水→蒸熟→酱制→成品

3. 操作要点

（1）选料：选鲜嫩豆角，摘去两头，撕去边筋，洗净，沥干水，切成 10 厘米长的小段。

（2）腌制：取经过洗切的豆角放入缸内，加入食盐，拌匀。用盐量下少上多，最上面加盐封顶，然后压上石块腌制。

（3）沥水：将豆角腌制 3～4 天后，捞出，沥干盐水，或稍加挤压，使盐水尽快沥干。

（4）蒸熟：将豆角入笼，蒸至熟时取出，晾晒干后储藏起来，以备酱制。

（5）酱制：食用前，从缸中取出，加入甜面酱拌匀，盖好，压实。酱制 2 天即可食用。

4. 产品特点

本品咸甜兼有，口感嫩脆，是佐餐的上等小菜。

（五）腌双椒豇豆

1. 原料

豇豆（即长豆角）3 千克，青辣椒、红辣椒和精盐各 200 克。

2. 制作方法

（1）原料预处理：将豇豆择洗干净，切成 5 厘米长的小段，投入沸水中稍煮一下，捞起摊开风干，投入坛内；将青辣椒和红辣椒去蒂洗净，沥干后也投入坛内。

（2）煮盐水：将锅置火上，放入 2 千克清水和精盐，煮沸、晾凉。

（3）腌制：将冷了的盐水倒坛内，淹没豇豆和辣椒。在坛沿上倒入凉开水，加盖密封，腌制 10 天左右，即可食用。食用时，将其取出用凉开水洗一下后，拌入香油即成。

3. 制品特点

本品质地脆嫩，味道清香，色泽微黄。

（六）五香豇豆

1. 原料

豇豆 100 千克，食盐 12 千克，五香粉 200 克。

2. 工艺流程

选料和预处理→烫漂→盐渍→倒缸→封缸

3. 操作要点

（1）选料和预处理：选用豆荚顺直、整齐、鲜嫩、无病虫害、八成熟的新鲜豇豆为原料，剔除成熟过度、豆粒过大、畸形和病虫危害的豆荚；摘去豆角两端的蒂柄，剔除杂物，用清水漂洗干净，并沥干水分。

（2）烫漂：将洗净的豇豆放入沸水中进行烫漂，其烫漂时间长短，依水量和豆荚量多少而异。一般在豆荚由深绿色变为碧绿色时即可捞出，并迅速用冷水进行冷却。烫漂不要过度，以免豆荚质地变软而失去脆性。

（3）盐渍：将烫漂过的豇豆从冷却水中捞出，控干水分，扎成直径为 5～6 厘米的小把。然后按原料比例，以摆放一层豆角撒一层食盐和适量五香粉的方法，进行装缸。装满缸后，在豆荚表层撒满一层食盐，并用重物压紧，进行盐渍。

（4）倒缸：盐渍后，每天倒 1 次缸，连续倒缸 4～5 天。约经过半个月即可封缸保存，随需随取。

4. 产品特点

本品色泽碧绿，质地脆嫩，味道鲜咸。

（七）甜酱姜豇豆

1. 原料

咸豇豆 10 千克，甜面酱 6 千克，鲜姜 35 克。

2. 制作方法

（1）选料：选取已腌制为成品的咸豇豆为原料。

（2）切分、脱盐：将咸豆角切分成长为 2～3 厘米的小段，放入清水中浸泡脱盐。浸泡时间为 3～4 小时，中间换水 1～2 次。待盐度降低后，捞出控干水分。

（3）配料：先将鲜姜洗净，去皮后切成细丝；再将脱盐后的豇豆与姜丝混合拌匀，装入干净的布袋。

（4）酱渍：将上述布袋放到甜面酱中进行酱渍，每天翻动、压袋 1～2 次。4～5 天放风 1 次，即取出酱袋，将豇豆倒入容器内，淋除咸卤，翻拌均匀，再重新装入酱袋酱渍。一般酱渍 10 天左右即可为成品。

3. 制品特点

本品豆角外皮为青绿色，内呈棕红色，质地鲜嫩，酱香浓郁，味道鲜咸。

（八）酱油姜豇豆

1. 原料

咸豇豆 10 千克，鲜姜 200 克，酱油 4 千克。

2. 制作方法

（1）选料：选用已腌制为成品的咸豆角为原料。

（2）切分、脱盐：将咸豇豆切分成 3 厘米长的小段，放入清水中浸泡 4 小时左右，进行脱盐。中间换水 3 次，待盐度降低后捞出，控干水分。

（3）配料：先将酱油入锅中煮沸，晾凉；将鲜姜洗净、去皮、切分成粗为 0.1～0.15 厘米的细丝；再把姜丝与脱盐后的豇豆混合均匀。

（4）酱油渍：将上述混合物料装入洁净的坛内，然后倒入酱油，翻拌均匀，进行酱油渍。每天翻动 1 次，6 天左右即可食用。

3. 制品特点

本品呈红褐色，质地鲜嫩，有酱香味。

（九）姜蒜椒豇豆

1. 原料

豇豆 3 千克，绿尖辣椒 750 克，生姜和虾酱各 75 克，大蒜和精盐各 150 克，红辣椒 5 只。

2. 制作方法

（1）原料预处理：先将豇豆去尖蒂及筋，洗净后切成 5 厘米长的段，用盐水腌 2 天；将绿尖辣椒去蒂和子后洗净，置于浓度为 15% 左右的盐水中腌 2 天；将生姜洗净，切成片状；将大蒜剥去外皮，洗净后切成片；将虾酱用水煮沸后加入精盐，调出适合于个人口味的咸淡来。

（2）配料、装坛：将腌好的豇豆和绿尖辣椒取出，分别置于清水中漂洗 2 遍。将豇豆沥干水分，放入干净坛中，再把生姜片、大蒜片和红辣椒丝投入坛中拌匀。

（3）虾酱渍：最后将调好的虾酱汤倒入，没过物料。密封腌渍 6 天后，即可开坛食用。

3. 制品特点

本品色泽鲜绿，咸辣适口，为极佳佐粥小菜。

（十）虾油腌豇豆

1. 原料

豇豆 4 千克，精盐 1 千克，虾油 2 千克。

2. 制作方法

（1）豇豆处理：将豇豆去蒂、去筋，洗干净，用浓度为 15％的盐水腌渍 3 小时，捞出沥干表面水分。

（2）盐渍：按一层豇豆一层盐的顺序将豇豆装入坛中，上压重物，进行盐渍。腌 6 天，每天翻动 1 次。

（3）浸泡、切断：将腌好的豇豆捞出，用清水浸泡 30 分钟，除去部分盐味，捞出后沥干水分，再将其切成 3 厘米长的小段。

（4）虾油渍：将虾油放入干净坛中，投入豇豆，腌渍 10 天左右，即可食用。

3. 制品特点

本品碧绿清香，脆嫩爽口，虾油味鲜浓。

（十一）干四季豆

1. 原料

新鲜嫩绿四季豆 5 千克，1％碳酸氢钠适量。

2. 制作方法

（1）选料：选用嫩绿、未纤维化的四季豆为原料，先将四季豆洗净，切去两尖端，再分切成 5 厘米长的小段。

（2）杀青：在沸水中杀青 2～3 分钟。为保持色泽的嫩绿，在沸水中加入 1％浓度的碳酸氢钠。杀青后立即冲冷水进行冷却。

（3）烘干（或晒干）：若用人工烘干，注意先期温度为 60℃～

70℃，烘 4～6 小时；后期温度为 55℃～65℃，烘 1～2 小时，通常可达到烘干目的。若太阳好，将其摊放在竹垫上，让其在阳光下晒干也可。

3. 制品特点

本品色泽嫩绿或浅绿，长短均匀一致，水分含量 10％以下。

（十二）泡四季豆

1. 原料

四季豆 5 千克，新老混合盐水 5 千克，食盐 400 克，干红辣椒 100 克，大蒜、生姜各 100 克，白酒 50 克。

2. 制作方法

（1）选料及预处理：选用肉厚、质嫩、无病虫害的新鲜四季豆为原料，去掉豆角两端的蒂柄，摘除老筋，用清水漂洗干净，并晾干表面水分；将大蒜分瓣、除外皮；将生姜洗净、去皮、切片；将干辣椒切成段。

（2）出坯：按配料比例，用盐把四季豆腌制 2～3 天出坯，取出晾干附着的水分。

（3）配料、装坛：将盐水倒入洗净的泡菜坛内，加入经过处理的大蒜瓣、姜片和干辣椒段，搅拌均匀，再装入已出坯的豆角。装满后，用竹片把豆角卡紧，盖好坛盖，注满坛沿水，密封坛口。

（4）发酵：装好坛后，置于通风干燥、洁净处进行发酵。泡制 10 天左右，即可食用。

3. 制品特点

本品色泽呈黄绿色，质地脆嫩，咸辣微酸。

（十三）腌咸扁豆

1. 原料

扁豆 5 千克，精盐 1 千克。

2. 制作方法

（1）原料预处理：选用无虫蛀的新鲜扁豆，摘除端蒂和两侧筋，用清水洗净后，沥干水分。

（2）盐渍：按一层扁豆一层盐的顺序将其装入洁净的泡坛内，此次用精盐 800 克。在顶部压上干净重石块，第二天翻动 1 次。

（3）翻坛、再盐渍：将坛下面的扁豆翻到上面，再用精盐 200 克，每隔 2 天翻动 1 次，共翻 3～4 次。腌渍 20 天左右，即可食用。

3. 制品特点

本品咸鲜脆嫩，味美适口。

（十四）酱渍扁豆

1. 原料

咸扁豆 5 千克，黄酱 3 千克。

2. 制作方法

（1）浸泡：将咸扁豆用清水浸泡 2～3 小时，换水 2～3 次，捞出沥干水。

（2）入袋、装坛：再阴干 1 天后，装入干净布袋中，放入装有黄酱的坛中。

（3）酱渍：每天搅动 3 次，酱渍 30 天左右即可食用。若酱渍时间长一些，味道更好。

3. 制品特点

本品清香脆嫩，味甜可口。

(十五) 香甜辣青豆

1. 原料

鲜嫩青豆5千克，精盐600克，新老混合盐水4千克，红糖和干辣椒各40克，白酒20克，花椒10克，香料包1个（内装八角、花椒、茴香各10克），甜面酱1千克。

2. 制作方法

(1) 盐酒渍：将鲜嫩青豆洗净，用精盐、花椒和白酒腌渍12小时，捞出晾干附着的水分。

(2) 盐、糖、椒、香腌：将新老混合盐水、红糖、干辣椒和花椒一起放入干净的坛内调匀。加入青豆和香料包，用竹片卡紧，压上石块，盖上坛盖，再腌3～5天后，取出青豆，沥干盐水。

(3) 入坛、酱渍：将坛洗净擦干，将沥干盐水的青豆倒入坛内，加入甜面酱拌匀，盖好坛盖，酱渍10天即可食用。

3. 制品特点

本品鲜嫩清脆，咸中带甜，酱味极佳。

(十六) 泡刀豆

1. 原料

鲜刀豆10千克，新老混合盐水10千克，食盐1.5千克，白酒100克，干红辣椒200克，红糖250克，香料包1个（内有八角、豆蔻、香草各5克，花椒10克）。

2. 制作方法

(1) 选料及预处理：选择鲜嫩、豆片尚未长子的刀豆，洗净，掐去两头和边筋，晾干附着的水分。

(2) 泡制：将各料调匀，装入坛内，放入刀豆、香料包，用篾片卡紧，盖上坛盖，添足坛沿水，泡制1个月即可。

3. 制品特点

本品色泽绿黄，味道清鲜，质地脆嫩。

（十七）糖刀豆

1. 原料

刀豆 100 千克，白砂糖 35 千克，明矾 300 克，精盐 400 克，柠檬酸 200 克，食用色素 20 克。

2. 工艺流程

选料→预处理→烫漂→浸卤→糖渍→晒制→成品

3. 操作要点

（1）选料、预处理：选取成熟度适中的刀豆，剔除病虫、畸形粒并清除杂物，手工摘去蒂和撕去老筋。

（2）烫漂：在沸水锅中煮 1～2 分钟，捞出立即冷却漂洗。

（3）浸卤：按原料配方称取各物料，将明矾、盐、柠檬酸和食用色素配制成卤水，将刀豆浸泡 10～14 小时。

（4）糖渍：沥干卤水，入缸，加 35 千克糖，糖渍 2 天，上下翻动，动作要轻，以免破损。

（5）晒制：刀豆入坛，放玻璃房晒至手拉成丝即可。

4. 制品特点

本品造型美观，色泽鲜艳，甜酸可口，有一定韧性。

（十八）甘草刀豆

1. 原料

（1）制刀豆干坯：鲜刀豆 100 千克，食盐 7 千克，冷水 60 千克，甜蜜素 100 克，柠檬酸 400 克，山梨酸钾 100 克，明矾 200 克。

（2）制成品：干刀豆坯 50 千克，开水 50 千克，甘草粉 1.5 千克，辣椒酱 15 千克，山梨酸钾 500 克。

（3）成品上粉：干辣椒粉 500 克，甘草粉 500 克。

2. 制作方法

（1）制刀豆干坯：将制刀豆的辅助材料全部投入盛有 60 千克冷水的缸内，搅拌均匀；再将洗净、晾干的刀豆切去两头，撕去老筋，截成 5 厘米长的梳形片子；放入卤水缸内，浸泡至金黄色、味甜酸（每天上下翻动 1 次）时，捞出晒至全干，存放干燥处备用。

（2）制成品：将 50 千克开水倒入缸内，放入甘草粉、山梨酸钾，搅拌均匀；然后将刀豆挂在高处，让卤水流向低处；隔 1～2 小时再拌和 1～2 次，使刀豆干湿均匀，品质一致；过一夜，捞出晒至八成干。

（3）成品上粉：将辣椒粉、甘草粉混合均匀，撒在晒干的刀豆上，揉擦均匀。装盒，装袋密封，存放干燥处即成。

3. 制品特点

本品具有甜、酸、辣、脆等特点。

（十九）虾油芸豆

1. 原料

鲜芸豆角 100 千克，食盐 20 千克，虾油 60 千克。

2. 工艺流程

选料→预处理→烫漂→盐腌→虾油渍→成品

3. 操作要点

（1）选料及预处理：选用肉质厚、籽粒尚未成熟、质地细嫩、无病虫害的新鲜芸豆角为原料；摘除豆角两端蒂柄和青筋。

（2）烫漂：将上述芸豆角放入沸水锅中烫漂 2～3 分钟，至豆角颜色由暗绿变为鲜绿时捞出。用流动的冷水迅速将其冷却，然后沥干水分。

（3）盐腌：将沥干的芸豆角与食盐按比例装入缸内，翻拌均匀。腌制 24～36 小时，中间翻动 1～2 次，以使盐腌均匀。

（4）虾油渍：将盐腌好的芸豆捞出，控出卤水，装入另一缸中，按原料配比倒入虾油进行浸渍。每天翻动 1 次，经7～10 天即可为成品。

4. 制品特点

本品呈鲜绿色，质地脆嫩，咸鲜可口。

四、根菜类制品

（一）脱水胡萝卜片

1. 原料

胡萝卜 100 千克，4％氢氧化钠溶液适量。

2. 工艺流程

选料→清洗→脱皮→切分→灭酶→脱水干制→回软、压块→包装

3. 操作要点

（1）选料：选用表皮光滑、味甜，无机械损伤，未受冻害及病虫害，肉质根长的长根种胡萝卜为原料。

（2）清洗、脱皮：用清水洗去泥土，将头部约 2 厘米、尾部 2～3 厘米切去后，去皮。去皮有多种方法，如手工法、蒸汽法（在 115℃左右蒸汽中经 60 秒钟，或在 130℃蒸汽中经 30 秒钟）和热力结合碱液法（在 90℃以上的 4％氢氧化钠碱液中浸泡 3 分钟，立即用清水洗去碱液与残留的皮）等。

（3）切分：去皮后，根据市场的需要切成 3～5 毫米的薄片，或切成长条形、方块状。

（4）灭酶：将切分后的胡萝卜原料在沸水中煮 3 分钟或在 115℃左右的蒸汽中经 60 秒，随后浸入冷水中冷却。

（5）脱水干制：用热风干燥脱水，开始温度为 55℃～65℃，经 1 小时；第二阶段温度调高至 75℃～85℃，约经 2 小时；最后在 65℃～75℃的温度下干燥脱水至水分为 7％以下。

（6）回软、压块：在包装前一般应进行回软，即把已干燥的产品堆积在一起，经 1～3 天，含水量即可均匀一致。产品干燥后趁热压块成型。压块后体积缩小至原体积的 1/3 左右。

（7）包装：当压块成型的胡萝卜片的水分含量不超过 8％时，即可进行包装，即为成品。

4. 产品特点

本品颜色暗红，柔软有光泽，复水后质地脆嫩可口。

（二）泡胡萝卜

1. 原料

胡萝卜 10 千克，干辣椒 200 克，咸卤水 8 千克，白酒 120克，红糖 60 克，精盐 250 克，花椒 10 克，八角 10 克。

2. 制作方法

（1）选料：选用鲜嫩、不空心的胡萝卜，去除有病虫害和损伤的。

（2）预处理：将胡萝卜洗净，去须，去根，将个大的切成块，再洗一下，晾晒至稍蔫。

（3）配料、入坛：将各种调料拌匀，装入坛内，倒进胡萝卜，加入花椒、八角包。

（4）泡制：盖好坛子盖，添足坛沿水。将坛置阴凉处，泡制5 天后即可食用。

3. 制品特点

本品色泽鲜红，脆嫩鲜香。

（三）胡萝卜脯

1. 原料

红心小胡萝卜 1 千克，40％食糖水，糖粉 20 克。

2. 制作方法

（1）制坯：选根头整齐、红嫩心小的鲜胡萝卜。经水洗净，用不锈钢刀刮除胡萝卜的薄表皮，再经清水漂洗后，切成 2 厘米或 5 厘米长的圆柱形。

（2）预煮：将切好的坯倒入锅中煮沸 15 分钟，将其煮软（呈半透明状态），即可起锅，放入清水中漂洗。

（3）去心：将预煮后的坯（2 厘米长的胡萝卜块）用去心器（用长 25～30 厘米的白铁皮制成的一头大、一头小，粗细约有胡萝卜心那么大的筒形物）捅去心；或用不锈钢刀将 5 厘米长的胡萝卜切开，去掉心后切成 1 厘米宽的胡萝卜条。

（4）糖渍：将去心后的胡萝卜放入非铁容器（陶瓷或搪瓷的为好）中，加入浓度为 40％的糖液浸渍 48 小时后，将坯连同糖液下锅煮沸 20 分钟，再起锅继续糖渍 48 小时。

（5）浓缩：糖渍 2 天后，将坯连同糖液一起下锅，煮沸浓缩 30 分钟，待糖液温度达 108℃时，起锅糖渍 12～24 小时即为半成品。将半成品连同糖液一起下锅，煮沸 30～35 分钟，待温度达到 112℃时起锅，晾至 60℃时用白糖粉（100 千克原料用 1～2 千克）上糖衣。最后筛去多余的糖粉，用塑料袋包装密封即可。

3. 产品特点

本品色、香、味俱佳，老少皆宜。

（四）紫油香辣胡萝卜

1. 原料

胡萝卜 5 千克，辣椒 150 克，酱油 25 克，精盐 500 克，香油 100 克。

2. 制作方法

（1）预处理：选用好的新鲜胡萝卜，去杂洗净，一切两瓣，置于阳光下晒晾至半干。

（2）调料：将鲜辣椒先洗净，晾干后，捣碎，与酱油、精盐、香油掺和在一起，调配成调味汁。

（3）拌料、入坛腌渍：将配好的调味料与晒至半干的胡萝卜块搅拌均匀，装入坛内。腌渍3天后，即可食用。

3. 制品特点

本品咸辣脆嫩，鲜香可口，为佐食的营养小菜。

（五）蜜甜胡萝卜片

1. 原料

胡萝卜细浆汁30千克，蜜柑细浆汁20千克，山梨酸钾30克，砂糖30千克，柠檬酸30克。

2. 工艺流程

原料预处理→配料→熬浆→成型→烘制→冷却→包装→成品

3. 操作要点

（1）原料预处理：切除胡萝卜头部绿色部分，充分洗净后，入打浆机打成细浆；蜜柑选用八九成熟的，除皮除种核，入打浆机，打成细浆。

（2）配料：按上述原料配方比例，将各料混合、拌匀。

（3）熬浆：将混合好的料放入加热糖煮锅加热，缓缓搅拌，煮到汁液消失，成团块浓稠酱状时，停止加热，趁热移出，置于撒有砂糖粉末的平台上。

（4）成型：在柔软浆团上一边撒糖粉，一边用擀面杖将其擀平；再将小酒杯倒置于料饼上，稍用力按酒杯，便出来一小圆料，不停按压，将浆团制成许多小圆片；将其放入撒有细糖粉的盘内，两面都沾上糖粉；再置于烘盘中，入烘烤室待烘。

（5）烘制：在60℃的温度下对其进行烘烤，直至烘干到含水量不超过8%为止。

（6）冷却、包装：烘盘出室，冷却至室温。然后用聚乙烯食

品袋 50 克一包，进行真空密封包装，即为成品。

4. 产品特点

本品为红褐色圆片，具胡萝卜特有风味，同时具有蜜柑香味，酸甜可口。

（六）金参饮料

1. 原料

胡萝卜（又称金参）200 克，白砂糖 60 克，香油数滴，蛋白糖、精盐各少许。

2. 制作方法

（1）原料处理：选择成熟适度而未木质化，表皮呈鲜艳的红色或橙红色，肉质新鲜肥大，皮薄肉厚，纤维少，组织繁密而脆嫩的胡萝卜为原料。除去杂质，刨去表皮，切去两端，冲洗干净后，切薄片。

（2）预煮：在锅里放入约 800 毫升水，放少许精盐，烧开，将胡萝卜片倒入，加数滴香油，继续煮 10 分钟后，稍晾凉。

（3）打浆：将晾凉的胡萝卜片连水一起分次放入打浆机打浆，加入各种调味料，再打一次，使渣均匀分布于液汁中。

（4）杀菌：将液汁倒入不锈钢锅中煮沸数分钟，趁热装入洁净玻璃瓶中，封盖，冷却后入冰箱。随时可取出摇匀后饮用。

3. 制品特点

本品味纯可口，富含胡萝卜素，溶于香油，易为人体所吸收，有养肝明目、健脾消食和抗衰老作用。

（七）山楂金参饮料

1. 原料

胡萝卜 200 克，山楂 200 克，白砂糖 60 克，维生素 C 片 3～4 片，蛋白糖、柠檬酸各少许（按个人需要调甜、酸度）。

2. 制作方法

（1）胡萝卜原汁制备：选用橙红色、无粗筋的胡萝卜为原料，切去根须与叶簇，用清水浸泡，除去杂质，削去表皮，切成小薄片，放沸水锅中，加进0.3%的柠檬酸，进行20分钟预煮。然后把胡萝卜片加入3倍重量的净化水中，入打浆机打浆，所得浆汁再打1次，使其更细腻，得全果肉型原浆，待用。

（2）山楂浆汁制备：选用色泽鲜艳、饱满成熟的山楂果实，除去杂质，用清水洗净；切成几小块，放进2倍重量的水中，加热至90℃左右，并保温20～30分钟，进行软化处理，使山楂组织充分胀润软化，提高有效物质的浸出率；然后将其一起放进打浆机打浆，用一层纱布过滤，得原汁待用。

（3）调配：将白砂糖、蛋白糖用适量净化水充分溶解，然后加入山楂汁、胡萝卜原浆，加水至1400毫升，进行混合调配，再入打浆机打细均质。

（4）杀菌、装瓶：混合汁液倒入锅中加热至100℃，保温10分钟，趁热装入已消毒的玻璃瓶中，封盖。

（5）冷却：分段冷却至室温后，入冰箱存用。

3. 制品特点

本品为棕红色果肉饮料，将沉淀摇匀后饮用，酸甜可口，富含山楂酮类物质和β-胡萝卜素，具有降压、降脂和提高免疫力的作用，还有抗癌和明目养颜之功效。注意：脾胃虚弱和胃酸过多者及孕妇早期者均不宜饮用。

（八）菠萝金参复合饮料

1. 原料

胡萝卜200克，菠萝果肉100克，白糖100克，柠檬酸、精盐各少许。

2. 制作方法

（1）选料、处理：挑选色呈橙黄或橙红色、皮薄肉厚、心柱细小的胡萝卜为原料，刨去皮，去掉两端须根和疤结，洗净，切薄片；另选八九成熟、果肉黄熟的新鲜菠萝，削去皮，剔除黑眼和疤结，洗净，切薄片。

（2）预煮、打浆：将胡萝卜片和菠萝片放入加有数滴香油的淡盐水中煮沸 5～8 分钟。用打浆机将软化的胡萝卜和菠萝片加800 克水一起打成浆液。

（3）调配：将白砂糖先溶于热水，柠檬酸溶于水，一齐倒入上述浆液中，再加入适量热水，搅匀。

（4）均质：将搅匀的混合料分次置入打浆机，再一次打浆，进一步捣匀，捣细。

（5）杀菌：倒入锅中，煮沸数分钟。

（6）装瓶、封盖、冷却：趁热装入已消毒的玻璃瓶，封盖。自然冷却至 50℃，再放入凉水速冷即可。

3. 制品特点

本品为红黄色带肉果汁，具菠萝清香，酸甜可口，具有清热解暑、利尿消肿、养肝明目等作用。糖尿病患者不宜加白糖，可用蛋白糖调味；对菠萝过敏者不宜饮用。

（九）盐水白萝卜

1. 原料

鲜白萝卜 100 千克，食盐 20 千克，清水适量。

2. 工艺流程

选料→整理→清洗→盐腌→倒缸→成品

3. 操作要点

（1）选料：选秋季收获的白萝卜腌制为好，选用个头大小均匀、皮薄光滑、不糠心、不黑心、肉质细嫩的新鲜萝卜为原料。

（2）整理、清洗：将新鲜萝卜除去叶丛，削平顶部，削去根和毛须，而后用清水洗净泥沙和污物，并控干表面水分。

（3）盐腌：按原料配比将经整理的萝卜与食盐按码一层萝卜撒一层食盐的顺序装入缸内进行盐腌。装满缸后，在萝卜表面撒一层食盐，并浇入适量清水，以促使食盐溶化。

（4）倒缸：进行盐腌的第二天，开始倒缸。每天倒缸1次，以散发热量和辛辣气味，并促进食盐溶化。待食盐全部溶化后，每隔1天倒缸1次；10天以后，可间隔10天倒缸1次。腌制30天左右即为成品，可进行封缸保存。

4. 产品特点

本品呈乳白色，质地脆嫩，味鲜咸，不苦不辣。

（十）北京五香萝卜干

1. 原料

鲜秋萝卜400千克，食盐20千克，五香粉350克。

2. 工艺流程

原料预处理→腌制→曝晒→拌料入坛→成品

3. 操作要点

（1）原料预处理：选用秋萝卜，整理，洗净，纵切成1厘米宽、3.5厘米左右长的粗萝卜条。

（2）腌制：将萝卜条入缸，撒上食盐腌制。腌制后隔10～12小时，翻拌倒缸1次，共翻倒2次，腌制35小时左右，取出装箩淋卤。

（3）曝晒：把腌制后的萝卜条平铺在芦席上，曝晒2～3天，晒至卷边，干燥。晒到只有鲜萝卜质量的25％时，即可移入室内凉透。

（4）拌料入缸：按100千克半干萝卜条拌入五香粉350克的比例在缸中放入萝卜条和五香粉，翻动拌和，并用木棍将萝卜条

在缸内压实。然后用白细布覆盖缸口，用石头压实。每天早晨用木棍沿边捣压，经 7 天后即成北京五香萝卜干，装坛即可。

4. 产品特点

本品微甜，具有五香味，质地脆嫩。

（十一）甜酸萝卜

1. 原料

白萝卜 100 千克，食盐 8 千克，食醋 30 千克，白糖 6 千克，甜蜜素 60 克。

2. 工艺流程

选料→整理→盐腌→脱盐→糖醋渍→成品

3. 操作要点

（1）选料：选用肉质肥厚、质地细嫩、无空心、无病虫害的新鲜白萝卜为原料。

（2）整理：削除萝卜顶端叶丛和根须，用清水洗净泥沙和污物，控干水分。

（3）盐腌：将萝卜与食盐按 100：8 的比例装缸进行盐腌时，码一层萝卜撒一层食盐，加盐量底部少些，上层可多些。装至满缸，顶层撒满一层食盐。腌制 2～3 天，制成咸萝卜坯。

（4）脱盐：将经腌制的咸萝卜坯切成 1 厘米厚的薄片，放入清水中浸泡，脱盐 6 小时。中间换水 1 次，而后捞出，用压榨机压出 40％ 的水分。

（5）糖醋渍：先按配料比例将食醋在锅中煮沸，放入白糖和甜蜜素，使其溶化，搅拌均匀，晾凉备用；再将已脱盐的萝卜片放入缸内，倒入已配好的糖醋液，进行糖醋渍。每天翻动 1 次，3～4 天后即为成品。

4. 产品特点

本品呈浅黄色，质地脆嫩，甜酸可口，微有咸味。

（十二）紫油辣萝卜条

1. 原料

咸萝卜 100 千克，酱油 5 千克，白糖 500 克，辣椒酱 1 千克。

2. 制作方法

（1）选料：选用腌制好的咸白萝卜坯为原料，并选用色泽鲜红的新鲜辣椒酱，以质量优良的白砂糖和酱油为辅助原料。

（2）切分：将咸萝卜的根须去掉，然后切分成长为 5~7 厘米，宽和厚均为 0.8 厘米的萝卜条，或根据萝卜的长短纵切成厚为 0.8~1 厘米，长为 1.5 厘米的片。

（3）脱盐：将切分的咸萝卜坯放入清水中浸泡 12~24 小时，进行脱盐。中间换水 2~3 次，然后捞出控干水分。

（4）酱油渍：先将酱油在锅中煮沸，加入白糖和辣椒酱混合均匀，倒入缸中晾凉。然后放入经脱盐的萝卜坯，翻拌均匀，进行酱渍。每天翻动 1 次，5 天左右即可为成品。

3. 制品特点

本品色泽浅黄褐，带辣椒红色，质地清脆，味道咸辣微甜。

（十三）萧山五香萝卜干

1. 原料

咸萝卜干坯 100 千克，食盐 3 千克，辣椒粉 1 千克，五香粉 0.2 千克，花椒粉 0.5 千克，甘草粉 0.2 千克，山梨酸钾适量。

2. 工艺流程

原料选择→整理→清洗→切分→晾晒→腌制→复晒→复腌→拌料→装坛→封口→成品

3. 操作要点

（1）原料选择：选用肉质致密脆嫩、皮薄肉厚、须根少、水

分少的新鲜白萝卜为原料，剔除肉质粗糙、空心、黑心和腐烂的萝卜。

（2）整理、清洗：削除萝卜的叶丛、根须、糙皮和黑疤等不可食用部分，用清水洗净表面的泥沙和污物，并沥干水分。

（3）切分：先将萝卜纵切为两半，再切分为长约 10～15 厘米，粗度约为 1.5 厘米，呈三角形的萝卜条。切条必须均匀，条条带皮，直径过大的萝卜应抽去心，过长的要切段，以防萝卜条过宽、过长。

（4）晾晒：将切分的萝卜条摊放在苇席上，置于通风向阳的晒场进行晾晒。苇席应架空，距地面 50～80 厘米，南低北高，以利于阳光照射。萝卜条在席上应摊薄摊匀，要求条条都能被太阳晒到。晾晒时，每天翻动 2 次，傍晚将苇席折拢，也可覆盖草棚，以防霜冻、雾潮和雨淋。约经 3～5 天，晒至手捏柔软、无硬条，达三四成干时为止。

如果由于晾晒时受温度的影响，或水分掌握不当，萝卜条过于干燥，出现白肚过多时，应多翻多揉，消除白肚后再晒；萝卜干如发红发滑时，则应将萝卜条用 20％的盐水洗净后再晒。

（5）腌制：将经晾晒好的萝卜条摊凉散发热气后，按 100∶3 的比例与食盐翻拌均匀，并用力揉搓。直揉到萝卜条呈浅黄色、半透明状态即可装缸。装缸时，应边装边捣实，越紧实越好，进行腌制。一般需腌制 3～5 天。

（6）复晒：将腌制好的咸萝卜条按鲜萝卜条晾晒的方法，摊放在苇席上，进行复晒。勤翻动，以使萝卜条脱水均匀。一般需晒 2～3 天，将每 100 千克萝卜条晒至 70 千克即可。

（7）复腌：将晒好的咸萝卜干晾凉后，每 100 千克加盐 1.5 千克，翻拌均匀，装入缸内。边装缸边压紧实，越紧越好，腌制 7 天左右。

（8）拌料、装坛：将经复腌的咸萝卜条出缸，按配料比例加入食盐、辣椒粉、花椒粉、五香粉和甘草粉等各种辅料，翻拌均匀，装入坛内。装坛时，坛底需放些盐，并层层压紧实。2 天后用木棒重压，使坛内空气排出。最后在坛口的萝卜条表面再撒一层食盐与辅料的配料。

（9）封口：先按 100 千克食盐加 1 千克山梨酸钾的配比，制成混合盐。在封口时，每坛坛口用 250 克混合盐封顶，上面加盖毛竹叶，再用稻草绳盘结塞口，最后用掺有黄沙的水泥封口。水泥厚度约为 1 厘米，经 7～10 天的后熟阶段产品即成。

4. 产品特点

本品色泽呈浅黄，有光亮，质地干燥柔韧、筋脆，有自然甜味，五香味浓郁，鲜咸可口。

（十四）甜酸辣萝卜干

1. 原料

萝卜干 10 千克，食盐 800 克，白糖 2.5 千克，食醋 800 克，辣椒粉 100 克，清水 1.3 千克。

2. 制作方法

（1）选料：选用皮薄、肉质肥厚、细嫩的新鲜白萝卜为原料，剔除糠心和有病虫害的萝卜。

（2）整理、清洗：将萝卜削去叶丛和根须以及黑疤等不可食用部分。然后用清水洗净泥沙和污物，沥干水分。

（3）切分：将萝卜切成厚 1.5 厘米、宽 2～3 厘米、长 4～5 厘米的条片。

（4）盐腌：将萝卜条与食盐按 100∶8 的比例，用码一层萝卜撒一层盐的方法装入坛内，进行盐腌。每天倒缸 2 次，连续倒缸 3 天。每次倒缸时，应用力揉搓萝卜条，直至揉压出萝卜汁，以促使食盐溶化，使之渗入萝卜条内，同时排出辛辣气味，直腌到萝卜条发软为止。

（5）晾晒：将盐腌好的萝卜条捞出，沥干盐卤，摊放在竹帘或苇席上，置于通风向阳处进行晾晒。晒制时应经常翻动，以使晒制脱水均匀。晒至六成干即可。

（6）调味、装坛：将晒好的萝卜条干放于一容器内，撒放白糖、辣椒粉、食醋和清水，翻拌均匀，装入缸内，边装边捣紧实。装满后，盖上竹帘或木条，压上石块，封闭坛口，让其后熟10天左右，即为成品。

3. 制品特点

本品呈红、黄色，有光泽，质地清脆，有韧性，甜、酸、辣、微咸，清香可口。

（十五）桂花紫油萝卜

1. 原料

咸萝卜坯100千克，酱油30千克，白糖1千克，甜蜜素150克，桂花100克，料酒400克，山梨酸钾20克。

2. 工艺流程

选料→切分→脱盐→酱油渍→晾晒→配料→装缸→成品

3. 操作要点

（1）选料：选用已腌制为成品的咸萝卜为原料。

（2）切分：将咸萝卜切分为长8～10厘米、宽4～6厘米、厚1～1.5厘米的片。

（3）脱盐：将咸萝卜片放入清水池中浸泡12～24小时，中间换水2～3次。待盐度下降后，将萝卜片捞出，用压榨机压榨脱除50％的水分。

（4）酱油渍：将脱盐的萝卜片装入缸内，按配比加入酱油进行酱渍。在酱渍过程中，每天倒缸1次，连续酱渍7天左右。

（5）晾晒：将酱渍好的萝卜片捞出，放入筐内，淋去酱油卤汁；而后摊放在苇席上，置于通风向阳处晾晒2～3天，晒至六成干，制成咸萝卜干坯。

（6）配料：先将酱油放入锅中加热煮沸，再按配比加入白糖、糖精和山梨酸钾，搅拌使其溶化。晾凉后，加入桂花和料酒，搅拌均匀，制成调味液。

（7）装缸：将咸萝卜干坯放入容器内，倒入已配制好的调味液，搅拌均匀，进行装缸，边装缸边压实。装满缸后，用塑料薄膜捆扎封严缸口，闷缸后熟，经 7 天左右，即可为成品。

4. 产品特点

本品呈黄褐色，有光泽，质地脆而有韧性，桂花香气浓郁，味道甜香，鲜咸可口。

（十六）麻香紫油萝卜丝

1. 原料

（1）咸坯配方：鲜萝卜 100 千克，食盐 16 千克。

（2）成品配方：咸萝卜坯 100 千克，姜丝 3 千克，辣椒油 2.5 千克，白糖 18 千克，芝麻 10 千克，糖桂花 4 千克，香油 5 千克，味精 900 克，黄酒 900 克，山梨酸钾 30 克，糖精 0.1 千克，酱油 50 千克。

2. 工艺流程

制咸坯→切丝→脱盐、脱水→配制辅料→拌料渍菜→成品

3. 操作要点

（1）制咸坯：将新鲜萝卜洗涤干净，按每 100 千克萝卜用盐 16 千克，码一层菜撒一层盐，用盐量下少上多的腌制方法，腌制至满缸（池）。每天转缸（池）翻菜 1 次，灌入原菜卤。食盐溶化以后隔天转缸（池）翻菜 1 次，1 周以后隔 3 天转缸（池）翻菜 1 次，30 天即成萝卜咸坯。

（2）切丝：将萝卜咸坯切成细丝。

（3）脱盐、脱水：将萝卜丝放入 1.5 倍的清水里浸泡 2～4

小时。一般中间要换 2 次水，保持咸坯食盐含量为 8%。捞出后，再压榨脱水，每 100 千克咸坯得脱水萝卜丝 25～30 千克。

（4）配制辅料：将芝麻仁洗净，晾干，炒熟；将香油加热至 100℃，然后放入辣椒粉炸成辣椒油；将酱油加热至 100℃，加入白糖和山梨酸钾，搅匀溶化，制成糖卤。在上述制备好的辣椒油、糖卤中加入芝麻仁、味精、糖桂花、姜丝、黄酒等，搅拌均匀即成辅料。

（5）拌料渍菜：将脱水萝卜丝抖松，放入缸内，添加辅料，翻拌均匀。以后每天早晚各转缸（池）翻菜 1 次，7 天即为成品。

4. 产品特点

本品色泽红褐，有光泽，有桂花香及菜香，微有酯香，滋味鲜甜、辣、稍咸，精细均匀，无碎末，质地柔脆，不软绵。

（十七）咸大头菜

1. 原料

大头菜 5 千克，精盐 600 克，八角、花椒和小茴香各 5 克。

2. 制作方法

（1）原料预处理：将大头菜的老叶和根须除去后，洗干净，沥干水分，切成细丝，晾晒至三成干。

（2）配料：在菜盆内放入大头菜丝，将精盐、八角、花椒、小茴香一并放入，反复揉搓至丝入味。

（3）装坛、腌渍：将揉好的大头菜丝装入菜坛内，密封坛口，腌渍 20 天后即可食用。

3. 制品特点

本品色呈黄绿，质地脆嫩，味道咸香。

（十八）香辣头菜丝

1. 原料

咸大头菜 5 千克，姜 150 克，味精 10 克，辣椒粉 50 克，白胡椒粉和五香粉各少许。

2. 制作方法

（1）选料：选用只有咸味的整个大头咸坯为原料，将其去杂洗净后，切成丝。

（2）脱盐：将切好的大头菜丝泡进清水中，待降低咸味后（以个人喜爱定）捞出沥干水分。

（3）拌料：将姜丝、味精、辣椒粉、白胡椒粉和五香粉都加进上述咸大头菜丝中，充分混合拌匀。

（4）装坛、腌渍：将上述混合物料一并装入腌菜坛中，逐层压紧，盖上坛盖。腌渍 5 天后，即可开坛食用。

3. 制品特点

本品色泽浅黄，丝形整齐，素丽大方，辣鲜爽口，香气馥郁，健脾开胃。吃前加点香油拌匀，口感更好。

（十九）玫瑰紫油头菜

1. 原料

咸大头菜 100 千克，酱油 6 千克，白糖 1 千克，玫瑰酱 300 克，白酒 300 克，味精 100 克。

2. 工艺流程

原料脱盐→晾晒→初酱→加料复酱→成品

3. 操作要点

（1）原料脱盐：将 100 千克咸大头菜切成 0.5～0.6 厘米厚的薄片，投入清水中浸泡 2 小时，中间换水 2 次。

（2）晾晒：脱盐后，捞出，控干水分后，置阳光下晾晒。当

表面出现皱纹时收起，放入酱缸内。晾晒时，要特别注意清洁卫生，严防被污染物污染。

（3）初酱：将6千克酱油倒入锅内，上火烧沸，倒入盛大头菜的酱制缸内，搅拌均匀。以后每天翻动1次，3天后捞出，再进行日晒。当晒至六七成干时，置阴凉处软化1～2天，收起，入缸。腌制容器要干净，不能进生水。

（4）加料复酱：将白糖、玫瑰酱、白酒、味精和酱油混合，倒入装有大头菜的酱渍缸内，翻拌均匀。酱渍10天后，即为成品。

4. 产品特点

本品色泽深褐，有玫瑰香味，质地脆嫩。

（二十）酱芥菜头

1. 原料

（1）腌制：芥菜头100千克，食盐20千克，水15千克。

（2）酱制：整理后的芥菜头100千克，次酱75千克，酱油15千克（或黄酱50千克，酱油25千克）。

2. 工艺流程

原料处理→腌制→整理→酱制→成品

3. 操作要点

（1）原料处理：多选用"两道眉"品种作为酱制原料，对原料要挑选分级，洗涤干净。

（2）腌制：按原料腌制配方将芥菜头、食盐和水放入缸中腌制。初期每天倒缸1次，倒缸时要扬汤散热，散掉芥辣气味，促使盐粒溶解。腌制10天后，改为每2天倒缸1次。1个月后即可封缸储存。

（3）整理：将腌好的芥菜头去皮。去皮要适度，太薄影响产品质量，太厚影响出品率，一般100千克腌芥菜头去皮后为

70～75 千克较适宜。将每个去过皮的芥菜头切 2～3 刀，切口深度为芥菜头的 2/3。

（4）酱制：按每 100 千克整理后的芥菜头用次酱 75 千克、酱油 15 千克的比例进行酱制。如果没有次酱，可用黄酱 50 千克、酱油 25 千克进行酱制。每天早、中、晚各打耙（即用专用木耙将酱或菜上下翻动）1 次。酱制 45～60 天即为成品，可封缸储存。

4. 产品特点

本品色泽深红，有光泽，酱味浓郁，口感清脆。

（二十一）浙江龙须菜

1. 原料

鲜大头菜 100 千克，食盐 3 千克，味精 32 克，一级酱油 14 千克，白糖 1.5 千克，糖精 5 克，黄酒 1 千克，烧酒 300 克，花椒 35 克，茴香 30 克。

2. 工艺流程

原料处理→酱制→拌料入坛→成品

3. 操作要点

（1）原料处理：选择鲜嫩、质地致密、大而光滑的鲜大头菜 100 千克，洗净，刨丝，晒至原质量的 30％左右。

（2）酱制：将全部辅料的一半调匀烧开，晾至 60℃。将干菜丝入缸，均匀拌入辅料，加盖酱制。隔日翻缸 1 次，酱制 10 天。

（3）拌料入坛：将另一半辅料混匀烧开，晾至 60℃，再次均匀拌入，即可装坛出售。

4. 产品特点

本品色泽酱黄，有酱油香，咸香适宜，质地脆嫩。

（二十二）南方五香大头菜

1. 原料

鲜芥菜头 10 千克（晒干后约 2.5 千克），料酒 500 克，五香粉 25 克，精盐 800 克。

2. 制作方法

（1）预处理：将芥菜头去杂洗净，摊放在太阳下曝晒，每小时翻动 1 次。至晚间收起，堆成圆圈形，菜头朝外，菜叶在内，叠在一起，使其发热变黄。第二天继续摊晒，直至菜叶差不多干时为止。

（2）切分、盐腌：将每个菜头纵向剖开，但不要切透，使其靠近菜叶处相连。然后在中间揉进 25～50 克精盐（用量视其大小而定），揉搓后合拢，用菜叶捆成一团，再加精盐 600 克左右，然后装入一干净坛内，置阴凉处。腌 2 天后，将剩余的精盐加入 5～6 千克开水中化开，晾凉，倒入菜坛内，浸泡菜头，并用洁净石头压在菜上。再腌 2～3 天后，盐分基本上均匀地渗入菜头。

（3）晾晒：将腌渍后的菜头捞出，逐个挤压出盐水，拆开菜叶，摊放在板架上晾晒。但只晒菜头，不直接晒菜叶，以免菜叶发脆易碎，并每天翻动 2～3 次。晒至菜头蔫干时，再连叶一齐晒干收回坛内，待菜叶回软后，再捆成一团。

（4）调料、装坛、封口：将料酒放入一干净盆内，将捆好的菜头逐个放进酒盆内浸泡，再拿起用手沥干，撒匀五香粉后，放入干净坛内。用擀面棒捣实，再将浸过菜头的余酒倒入坛内，盖严、封口。

（5）倒坛、腌渍：待上坛物料腌过 20 天后，将坛倒转，口朝下，使原来坛底的酒经菜慢慢流下。再过 10 天，翻回原样。腌渍 1 个月后即为成品。

3. 制品特点

本品脆韧咸香，五香适口，属南方风味。

（二十三）麻香紫油片

1. 原料

胡萝卜、白萝卜、大头菜各 10 千克，食盐 30 千克，酱油 6.5 千克，香油 2 千克。

2. 制作方法

（1）原料预处理：选择新鲜大头菜、胡萝卜和白萝卜，去杂洗净后，切成片，放到通风向阳处晒到七成干。

（2）拌料、入坛：将调料与晒至七成干的大头菜、胡萝卜、白萝卜片混合在一起，拌匀后，放入一干净菜坛，用木棍捣实，盖上坛盖。

（3）酱渍：密封 20 天。开始几天，每天用木棍翻动 1 次，让酱油浸渍均匀，然后捣实，盖好，20 天后即可食用。

3. 制品特点

本品色泽酱红，有光泽，酱香浓郁，质地脆嫩。

五、多年生蔬菜制品

（一）笋干

1. 原料

新鲜未老化的春笋不定量。

2. 工艺流程

选料→预处理→切片→煮制→漂洗→压榨→脱水→包装→成品

3. 操作要点

（1）选料：选用清明前后采收的春笋为加工笋干的原料。

（2）预处理：去笋壳，削去笋的基部老硬部分，整理、洗净，按老嫩分开。

（3）切片：手工或用切菜机切片，切成 1 厘米×3 厘米×10 厘米的长片。

（4）煮制：将笋片放入沸水锅中，用旺火煮 1～2 小时，至笋肉呈半透明状，并发出香味为止。不能煮得过度，否则将变软烂，不宜进一步加工。

（5）漂洗：将煮好的笋片立即放入干净的流水中漂洗。

（6）压榨：因煮后的笋片含水量很大，需通过压榨脱去一部分水后，才有利进一步脱水干制。将冷却后的笋片排列在压榨器的压榨箱内，逐步增加压力，除去多余的水分，将笋压成扁平状。

（7）脱水：用人工干制或自然晒制均可。在正常天气下，自然晒制一般要 8～10 天；而人工干制温度控制在 75℃左右，数小时即可达到干制目的。

（8）包装：将晒干的笋片用塑料薄膜袋装好，即为成品。

4. 产品特点

本品呈黄色或黄白色，无霉烂黑变斑点，水分含量低于 10％。

（二）泡春笋

1. 原料

净春笋 10 千克，食盐 500 克，料酒 300 克，辣椒粉 300 克，大料 50 克，桂皮少许。

2. 制作方法

（1）加料煮制：将春笋用不锈钢刀切成两瓣，用盐水煮开，再放入八角、桂皮、料酒等煮 0.5 小时左右，去沫，连汤带笋倒入盆中凉透。

（2）泡制：取泡菜坛 1 只，倒入凉透的原料，加辣椒粉。注意汤水不能过多，以刚好淹没菜体为宜。盖好坛口，1 周后即可食用。食用时，可根据需要进行改刀。

3. 制品特点

本品脆嫩爽口，可增进食欲。

注意：装坛时，注意压实、装满；原料均应洗净；坛沿应时时保持有干净水。

（三）香油笋片

1. 原料

新鲜健康竹笋 10 千克，调味汤汁（其中，生抽 300 克，砂糖 300 克，鸡精 350 克，盐 400 克，淀粉 120 克，姜 300 克，蒜 300 克，加水至 10 千克）10 千克，麻油、精炼豆油或花生油各

按需要准备。

2. 工艺流程

选料→预处理→调味→装瓶→密封→杀菌、冷却→成品

3. 操作要点

(1)选料:选用形态完整、肉质细嫩、节间短、质量良好的鲜笋为原料。对于采收后的原料,应将其在 24 小时内投入制作,否则易变老,影响产品质量和利用率。

(2)预处理:用切笋头机或菜刀切去笋根基部粗老部分后,用刀纵向破开笋壳,手工剥壳,保留笋尖和嫩衣。按笋头直径大小分为 100 毫米以上、80~100 毫米、80 毫米以下 3 个级别;然后切成 6 厘米×1.5 厘米×(0.2~0.5)厘米的小片。将姜、蒜洗净后混合打浆,然后煮 30 分钟,过滤。

(3)调味:按原料汤汁配方称取各调料,放入姜、蒜汤汁中,再加水至 10 千克煮沸。

(4)装瓶:将罐头玻璃瓶刷洗干净,经 90℃热水消毒,沥干水分,按下列配方进行装瓶:物料、汤汁等净含量为 198 克,用料量为笋片 130 克、麻油 5 克、精炼豆油或花生油 10 克、调味汤汁 53 克。

(5)密封:将瓶口盖紧,中心温度为 80℃以上。

(6)杀菌、冷却:用高压锅杀菌。在高压锅里放水,加热,放入装笋片的瓶子,盖上锅盖,加热至沸,最大气压杀菌 45 分钟。停火,逐渐减压降温,不要立即打开锅盖,防炸瓶。待降到一定温度,再拿出冷却至室温,即可保存,随食随开。

4. 制品特点

本品为家庭自制罐头,有竹笋的清香和滋味,香美可口,鲜嫩如新鲜竹笋,不开盖、入冰箱,几个月不变质。

（四）酸笋

1. 原料

鲜笋 100 千克，食盐 13 千克。

2. 工艺流程

选料→预处理→盐腌→发酵→加盐复渍→成品

3. 操作要点

（1）选料：选用老嫩适中的笋为原料，剔除粗老或过大过小的笋。

（2）预处理：包括切根、剥壳、切块和浸泡 4 个步骤。先将笋平放在木板上，切去笋的基部，要恰好切出光滑的笋节；继而将笋壳割破，剥除；再把笋劈成 3～4 块，每块重约 250 克；最后把笋块放在木盆里，用清水浸泡，以防笋肉变老。

（3）盐腌：先配制 10％的盐水，即将 10 千克盐溶入 100 千克水中，煮沸溶化，晾凉。然后每 100 千克笋块，用 10％的盐水 70 千克进行盐渍。即将笋块平铺在另一个桶里（或缸里），立即灌进盐水；待盐水与笋坯持平时，在面上用 4 根竹片交叉成"井"字形，压上干净的相当于桶内（或缸内）笋块重量 25％的石块；再加注盐水淹没坯面 5～10 厘米，并与桶口（缸口）留有 10 厘米距离，加盖。

（4）发酵：将装有笋块的盐水桶（或缸）放置于阴凉处，让笋自然发酵，不要见阳光。约经 1 个星期，笋块便发酵成酸笋；但此酸笋只能储藏 15 天左右，故还需加盐复渍。

（5）加盐复渍：当发酵成熟后，笋体缩小，可把两个桶里（或两缸里）的酸笋装进一个桶里，叫并桶。加盐和并桶工作可合并进行。并桶时，先将浮在盐水上的污物捞掉；再把两桶笋捞到一个空桶里，将两个桶里的盐水也倒在一起；再在每 100 千克盐水中加盐 10 千克，溶解后即可灌入盛着酸笋的木桶中。每

100千克酸笋灌盐水60千克，即可漫过笋块。照旧架竹片、压石头和加盖，仍然放到阴凉处保存，可以储藏半年以上。每100千克笋块，可制出酸笋约80千克。

只要盐水保持乳白色，就可以继续储藏。如果盐水混浊变色，则酸笋容易变质，应立即换桶（缸），换上新配制的盐水（20％～25％），才能继续储藏。

在销售或食用酸笋时，应把笋捞出，切成0.2～0.3厘米厚的薄片。销售的酸笋应用原水浸泡，不要长久露空，有条件最好抽真空包装销售。

4. 产品特点

没有加盐复渍的酸笋，笋块呈乳白色，笋尖则呈赤褐色；加盐复渍的酸笋，全部呈乳白色。口味酸咸，清脆爽口，笋肉较软，角棱分明，仍与刚切开的新鲜竹笋相似。经加盐复渍的笋块含盐量较高，约为18％～20％，故做菜前，要先用清水漂洗几次除盐。

（五）酱竹笋

1. 原料

鲜竹笋5千克，酱油500克，甜面酱1千克。

2. 制作方法

（1）原料处理：将竹笋剥去外衣，洗净后放入锅内置火上蒸15分钟左右。至熟后取出，沥干水分，投入酱油盆内浸泡1天。

（2）酱渍：取出用酱油泡过1天的竹笋，放入一干净坛内，加入甜面酱，拌匀、压紧，盖好坛盖，酱渍3～5天后即可食用。注意坛沿应放满干净凉开水。

3. 制品特点

本品质地脆嫩，咸淡适口，酱香味浓。

（六）酱渍冬笋

1. 原料

新鲜冬笋 5 千克，精盐、甜酱和黄酱各 1.5 千克。

2. 制作方法

（1）预处理：将冬笋削去外壳和质老的部分。洗净沥干水分后，一切两瓣，放入盐水盆中（10％浓度的盐水）腌渍 2 天，捞起晒干附着的水分。

（2）盐渍：将冬笋与精盐一层隔一层地摆入坛内，每层洒少许凉开水，以助精盐溶化。每天翻坛 2 次，精盐溶化后，隔天翻动 1 次。腌渍 10 天即可。

（3）脱盐：将盐渍好的冬笋捞出，放入清水中浸泡，换水将盐分泡去。

（4）入坛、酱渍：将脱了盐的冬笋放入一干净坛中，加入甜面酱和黄酱。每天搅动 2～3 次，夏季酱渍 7 天，冬季酱渍 14 天，即可食用。

3. 制品特点

本品色泽酱红，鲜脆咸香。

（七）麻辣冬笋

1. 原料

鲜冬笋 5 千克，精盐 300 克，辣椒粉 150 克，白酒 10 克，花椒粉、蒜蓉和姜丝各 100 克，味精少许。

2. 制作方法

（1）去皮、焯水：将鲜冬笋去掉外壳，放入开水锅中焯透，捞出晾凉，沥干水。

（2）盐渍、切条：将笋放入一干净坛内，每码一层笋后撒一层盐，用手压实，进行盐渍，10 天后捞出切成条。

（3）拌料腌渍：将辣椒粉、白酒、花椒粉、蒜蓉、姜丝和味精同放一盆内拌匀，再加冬笋条，搅拌均匀后装入坛内，腌渍2天后即可食用。

3. 制品特点

本品麻辣鲜香，味美适口。

（八）辣五香冬笋

1. 原料

鲜冬笋5千克，辣椒粉250克，五香粉10克，味精5克，精盐400克。

2. 制作方法

（1）预处理：将鲜冬笋去壳、切除根部后，洗净，对切开，再切成片，放进开水锅焯数分钟后，捞出，用凉开水冲洗一下。

（2）调料、腌渍：待笋片凉了，加入精盐、辣椒粉、五香粉、味精等拌匀，装入干净坛中，腌渍10天后，即可食用。

3. 制品特点

本品鲜美香辣，质地脆嫩。

（九）多味野山笋

1. 原料

野山笋5千克，干红辣椒50克，精盐、白糖各125克，味精5克，食用植物油25克。

2. 制作方法

（1）选料：选用浙江莫干山产的野山笋为原料。

（2）预处理：将笋壳剥去，冲洗一下，放入沸水锅中焯3分钟，取出后切成3厘米长、0.5厘米宽的薄片。

（3）入坛盐渍：按一层笋片一层盐的方法将笋片装入干净坛中，捺紧，盐渍24小时。

（4）拌调料、腌渍：取出盐渍好的山笋片，拌入辣椒碎片、白糖、味精和食用植物油，装入干净的腌坛中，腌渍 4～5 天后，即可食用。

3. 制品特点

本品红白相间，色彩明快，油润光亮，鲜香甜辣，色香味俱全，嫩脆味美，清脆爽口，为夏令膳食，属杭州风味。

（十）速冻笋片

1. 原料

鲜竹笋。

2. 工艺流程

选料→剥壳→整理→切片→烫漂→冷却→漂洗→沥水→冻结→包装→冻藏

3. 操作要点

（1）选料：选用鲜嫩的竹笋。采收后及时加以处理，否则易老化，品质差。

（2）剥壳、整理：用锋利刀将毛笋轻轻划破壳后，手工剥壳，除去老熟不可食用部分。

（3）切片：嫩尖部分宜切段，其他部分纵向刨成 3 毫米厚的笋片。

（4）烫漂：将切好的笋子放入沸水锅中烫漂 4 分钟左右。

（5）冷却、漂洗、沥水：烫完，捞出用凉水冷却；换水，再浸泡在清水中漂洗，去除苦味，至口尝无苦味为止；再用清水冲洗干净，沥干水分。

（6）冻结：将脱苦的笋片、笋段送速冻机速冻。

（7）包装、冻藏：将速冻好的笋片、笋段分别用食品袋包装后入冰室冻藏。

4. 产品特点

产品是用先进的速冻技术冷藏蔬菜保鲜，能保营养少丢失，使得口味如新鲜竹笋一样鲜香。该品为淡乳白色或淡黄色；具有竹笋的特殊气味、滋味，无异味；组织鲜嫩，去壳干净，食之无粗纤维感。

（十一）腌咸洋姜

1. 原料

鲜洋姜（即菊芋）10 千克，食盐 2 千克，凉开水 2 千克。

2. 制作方法

（1）选料：选用秋末收获的新鲜洋姜为原料，剔除个头过小，有严重机械损伤等不合格者。

（2）清洗：用清水洗净洋姜表面泥沙和污物，并沥干水分。

（3）盐腌：将洋姜与配料中一半用量的食盐，按每码一层洋姜撒一层食盐的方法装入缸内，顶层多撒些食盐。然后将另一半食盐用凉开水溶化配成盐水，从洋姜上浇入缸内，腌制 15 天左右即可封缸保存。腌制洋姜一般不进行倒缸，以防变色。

3. 制品特点

本品表皮为黄褐色，内质白色，质地脆嫩，味道鲜咸。

（十二）酱洋姜

1. 原料

咸洋姜 10 千克，甜面酱 6 千克。

2. 制作方法

（1）选料：以已腌制为成品的咸洋姜为原料（或选用新鲜姜做原料）。

（2）脱盐：将咸洋姜放入清水中浸泡 8～12 小时，进行脱盐，中间换水 2～3 次。然后捞出，沥干水分备用。

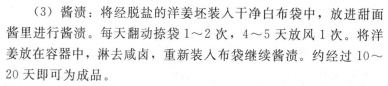

（3）酱渍：将经脱盐的洋姜坯装入干净白布袋中，放进甜面酱里进行酱渍。每天翻动捺袋1～2次，4～5天放风1次。将洋姜放在容器中，淋去咸卤，重新装入布袋继续酱渍。约经过10～20天即可为成品。

3. 制品特点

本品色泽呈红褐，质地清脆，味道酱香，鲜咸可口。

（十三）麻辣五香洋姜

1. 原料

鲜洋姜5千克，精盐1千克，辣椒粉0.5千克，五香粉、陈皮、花椒和生姜片各适量。

2. 制作方法

（1）预处理：先将鲜洋姜洗净泥沙，沥干水，切片后，置太阳下晒成半干。

（2）拌料：按原料配比，将半干的洋姜片与精盐、辣椒粉、五香粉、陈皮、花椒和生姜一起放入干净的菜盆内，搅拌均匀。

（3）入坛、腌渍：将上述混合料装入洗净、擦干的菜坛内，边装边按紧，盖密坛盖。坛沿装满凉开水，置阴凉干净环境中。腌渍30天左右即可食用。

3. 制品特点

本品麻辣脆鲜，味美适口。

（十四）咸酸藠头

1. 原料

鲜藠头10千克，食盐1.8千克，食醋3千克，明矾3克。

2. 制作方法

（1）选料及预处理：选用新鲜、肥大、质地脆嫩、个头匀称的藠头为原料。剔除青头和破口颗粒；将须根剪去，剥除老皮，

地上茎保留 1.5～2 厘米；然后尽快用清水洗净泥沙和污物，反复冲洗干净后，控干水分。

（2）盐腌：将整理好的藠头与食盐按配比（8％）一层藠头一层盐地装入缸（或坛）内，下部加盐量可少些，上部可多些。可将剩余的盐化成 12％ 的盐水淋入缸（坛）中，使盐水高度为藠头高度的 1/3 左右，在藠头上盖上草帘。再称出鲜藠头质量 5％ 的盐与 0.4％ 的明矾拌匀后，均匀地撒在草帘上。随后每小时 2～3 次从缸（或坛）的中心孔中吸出池底部的盐水，均匀地淋在草帘上的明矾盐层上，使之缓慢溶入下层藠头中。要保证藠头及时上卤，如盐水不足，可适当加些盐水。以后每天 1～2 次吸入盐水淋面。腌制 5～8 天后，发酵结束，泡沫回落。

（3）醋渍：将草帘拿开，将藠头捞出，沥干盐卤，放入缸内，浇入食醋，上盖竹帘，压上石块，使藠头淹没于食醋中，进行醋渍。

（4）翻动：醋渍 10 天后，每 10 千克藠头加 50 克食盐，翻拌均匀，以防止藠头软化。以后每隔 1 天翻动 1 次。30 天左右即为成品。

3. 制品特点

本品呈浅黄色或乳白色，质地饱满，富有光泽，脆嫩，咸酸，略带甜味和辣味。

（十五）开远甜藠头

1. 原料

鲜藠头 10 千克，红糖 4 千克，精盐 0.8 千克，干红辣椒 0.7 千克，白酒 125 克。

2. 制作要点

（1）选料：选用色泽洁白、饱满、大小均匀、质地脆嫩、无绿芽的新鲜藠头为原料。以肉质肥厚、质脆、味甜的新鲜红辣椒和水分少、酸度低、甜度高的红糖为辅料。

（2）预处理：将藠头削去须根、长芽，剥除老皮。而后用清水反复搓洗，除去泥土和皮屑，漂洗干净，装入筐内，置于阴凉处，控干水分。

（3）腌制：将经整理的藠头放在容器内，按原料配比，每10千克藠头加精盐800克，翻拌均匀。然后加入剁细的鲜红辣椒700克，白酒100克，红糖3千克，翻拌均匀。将拌好配料的藠头装入事先洗刷干净，并用白酒杀菌的菜坛内进行腌制。

（4）封坛：腌制7天后，加入红糖500克，与藠头翻拌均匀。以后每天将坛中配料从上到下翻动1次。连续翻动4天后，将500克红糖均匀地铺撒在藠头表面，并沿坛口周围浇洒白酒25克。然后将坛口用塑料薄膜和厚纸扎紧，盖上盖，再用黏性黄土包实进行密封。3个月后即可成熟，半年后质量最好。

3. 制品特点

本品呈金黄色，质地脆嫩，味甜，鲜咸微酸，微辣爽口。

（十六）袋装糖醋藠头

1. 原料

鲜藠头100千克，白砂糖30千克，冰醋酸1.5千克，山梨酸钾50克，食盐15千克。

2. 工艺流程

选料→预处理→盐渍→脱盐→配料→糖醋渍→装袋→封口→杀菌、冷却→检验→成品

3. 操作要点

（1）选料：选用质地细嫩、个头均匀、色泽洁白、无损伤的藠头为原料。

（2）预处理：削除根须和地上茎，留茎1.5～2厘米长，剥去老皮，用清水洗净泥沙和皮屑，控干水分。

（3）盐渍：先将食盐与清水 100 千克配成食盐水。先煮开、晾凉；再将洗净控干水分的藠头投入晾凉的食盐水中，浸渍盐腌 7～10 天。盐渍过程中每天用盐水浇淋藠头 2 次。

（4）脱盐：将经盐渍的藠头放入 60℃～65℃的热水中浸泡脱盐。每 2 小时换水 1 次，直至含盐量达 5％即可。然后用清水漂洗。

（5）配料：按每 100 千克水加白砂糖 30 千克、冰醋酸 1.5 千克、山梨酸钾 50 克的比例配制糖醋液。配制时，先把水倒入锅中加热煮沸，加入白砂糖和山梨酸钾，不断搅拌，使其溶化，而后晾凉至 80℃～85℃，再加入冰醋酸，搅拌均匀，制成糖醋液。

（6）糖醋渍：将脱盐后的藠头放入 80℃～85℃的糖醋液中浸泡 5～8 分钟，然后自然冷却，继续浸渍 12 小时。

（7）装袋：将经糖醋调味的藠头取出，按产品要求进行称重，装入复合塑料薄膜袋内，其中糖醋液占净含量的 5％左右。装袋时，应保持袋口干净无污染。

（8）封口：装好后，用真空包装机进行自动热熔密封。真空度为 0.09 兆帕。

（9）杀菌、冷却：将密封好的复合塑料薄膜袋制品置于 85℃的热水或热蒸汽中，杀菌 5～8 分钟，然后用冷水迅速冷却至 38℃～40℃。

（10）检验：将冷却的薄膜袋擦干表面水分，拣出胀袋、破漏袋等，将合格产品包装入库储存或销售。

4. 成品特点

本品呈乳白色，半透明，有光泽；有藠头特有清香，甜酸醇厚，微咸可口；颗粒饱满均匀，质地脆嫩，无杂质。

（十七）干黄花菜

1. 原料

鲜黄花菜 10 千克。

2. 制作方法

（1）选料：选用花蕾大、黄色或橙黄色的品种，在花蕾充分发育而未开放时采收。采摘黄花的时间以每日午后 1～3 时为宜。采摘时要求花柄断面整齐，不可碰伤小蕾或折断茎秆。

（2）预处理：必须及时进行热烫杀青，否则会自动开花，影响产品质量。拣除已经开花和没有发育好的花蕾，另行加工，并除去其他杂物。

（3）烫漂：把花蕾放入蒸笼中，水烧开后用大火蒸煮 5～8 分钟，然后改用小火焖 2～3 分钟。待花蕾凹陷，开始变软，颜色变得淡黄时即可出锅。

（4）脱水干制：将蒸煮杀青好的黄花菜自然放置 1 天左右，可提高产品的风味和质量。然后再进行自然干制或人工干制。天气好，则可在晒席上进行晾晒。晒时，要经常翻动，使之干燥、脱水均匀。晚上要收回，以免受潮，影响产品色泽。若天气适宜，摊晒 2～3 天即可。当用手抓紧再松开，花随着松开时，说明已晒干，可收回进行包装。

若有条件，可采用人工干制，如用烤房或隧道式干制机进行干制。注意先期温度宜高些，以 80℃～85℃为好，后期温度控制在 60℃左右，最后将温度降至 50℃，直到烘干为止。干燥期间应注意通风排湿，还要注意倒换烘盘 3～5 次，并翻动黄花菜，以防止黄花菜黏在烘盘上或烘焦。烘干的黄花菜易折断，故烤后应放到蒲包或竹木容器中回潮均湿、变软，才好包装。

（5）包装：用食用塑料袋包装即可。

3. 制品特点

本品为金黄或黄褐色，无霉烂、虫蛀等斑点，具有黄花菜天然的清香，水分含量 8％以下。

注意：绿色新鲜黄花菜不宜食用，因其含有秋水仙素等有毒物质，易引起食物中毒。只有通过蒸煮和干制，才可将有毒物质破坏和分解。

六、绿叶蔬菜制品

（一）泡莴笋

1. 原料

莴笋 10 千克，红糖 60 克，食盐 200 克，料酒 200 克，老盐水 8 千克，香料包 1 个（八角 5 克，豆蔻 5 克，香草 5 克，花椒 10 克）。

2. 工艺流程

选料→整理→清洗→切分→出坯→装坛→泡制→成品

3. 操作要点

（1）选料：选用肉质肥厚、细嫩、粗纤维少、无空心的新鲜莴笋为原料。

（2）整理、清洗、切分：削去莴笋的叶丛、外皮和粗筋，用清水洗净，再用刀斜切成 1.5 厘米厚的片；或将莴笋剖成两片，再切分成 3～4 厘米长的段。

（3）出坯：将切分后的莴笋用食盐腌透，2 小时后捞出，晾干表面水分。

（4）装坛：将红糖、料酒、香料包放入装有老盐水的坛内，搅拌均匀；投入莴笋，装至九成满，用竹片卡紧，盖上坛盖，注满坛沿水，密封坛口。

（5）泡制：装好坛后，放置于通风、干燥、洁净处，泡制 2～4 天，即可食用。

4. 制品特点

本品色泽翠绿，质地脆嫩，味道咸酸微辣，清香爽口，随泡随食，勿久存。

（二）脱水莴笋丝

1. 原料

鲜莴笋 5 千克，精盐 200 克。

2. 制作方法

（1）原料预处理：将鲜莴笋削去皮和切去老根后，洗净，刨成丝。

（2）热烫：将莴笋丝放入锅中，加入清水 2 千克及精盐，用旺火迅速将其煮沸，开锅翻动 1 次，再次煮沸后，立即出锅，沥干水分。

（3）晒干：将沥干的莴笋丝摊放在竹垫上，放到阳光下曝晒至干。注意勤翻动，使莴笋丝晒干均匀。晴天一般 3 天即可晒干。5 千克鲜莴笋可制成 500 克咸味脱水莴笋丝。

3. 制品特点

本品味道鲜咸，炒拌均宜，食用方便。将此干莴笋丝放入凉开水中泡软后，再加些自己喜爱的调味料，拌匀即可食用。

（三）辣莴笋

1. 原料

鲜嫩莴笋 5 千克，辣椒粉 100 克，花椒 5 克，甘草粉 25 克，食盐 15 克。

2. 制作方法

（1）选料与处理：选取鲜嫩莴笋，削去皮，洗净，切成小段。

（2）盐渍：将莴笋段放入干净大盆中，加入食盐，拌匀压紧，盖好，盐渍 4～5 小时。

（3）压汁：将盐渍好的莴笋用力压汁，使茎内汁液被挤出，控干水分。

（4）清水漂洗：用清水泡洗 2～3 次，晾至笋身柔软时，集中下坛腌制。

（5）配料：按原料配方将各原料混合均匀，装缸至口，上面加盖封口。

（6）腌渍：封口腌渍 15 天左右即成。将坛置于通风、阴凉、洁净处，随吃随取。

3. 制品特点

本品为香辣可口、开胃生津的佐膳小菜。

（四）糖醋莴笋丝

1. 原料

莴笋丝坯 50 千克，白糖 5 千克，香醋 10 千克，食盐 3 千克，丁香、姜丝、豆蔻等各少量。

2. 制作方法

（1）选料及处理：选老莴笋，削去皮，洗净，切成丝条状，也可加工成笋丝。

（2）盐渍、控水：按原料配方，在 50 千克莴笋丝坯中加入食盐 3 千克，搅拌均匀。渍制 4 小时后，起缸控干水分。

（3）糖醋浸渍：按原料配方，在莴笋丝中加入白砂糖、香醋，拌和均匀。入坛浸渍 4 天后取出，拌入少量丁香、姜丝、豆蔻等香料，再入坛中，腌渍 3 天后即可食用。

3. 制品特点

本品酸甜爽口，香味宜人。

（五）五香莴笋片

1. 原料

鲜莴笋 50 千克，食盐 3 千克，酱油 5 千克，香醋 2 千克，五香粉 100 克。

2. 制作方法

（1）选料：选取鲜莴笋做原料，削去皮，洗净，切成薄片。

（2）热烫、控水：将莴笋片放入沸水锅中，焯 3～4 分钟，然后捞出，沥干水分。

（3）配料、腌制：在一干净大盆里，将莴笋片和其他配料一起放入，充分拌匀后装入干净菜坛中，边装边压紧，待装至快满时盖好坛盖，坛沿注满凉开水。将菜坛置于通风、阴凉、洁净处，腌制一个星期即可食用。

3. 制品特点

本品酱红色，酸咸爽口，香味诱人，为大众的可口佐餐小菜。

（六）橘香酱莴笋

1. 原料

莴笋 5 千克，橘子皮和酱油各 1.5 千克，生姜 1 千克，精盐 700 克。

2. 制作方法

（1）原料预处理：将莴笋摘去叶子，削去皮（削莴笋皮时要尽量削成大块，洗净后留用）后洗净，切成片；将橘皮洗净后切成块；将生姜洗净后切成片。

（2）盐渍：将削下的莴笋皮、莴笋片、橘子皮和生姜片一起用精盐拌匀，腌 4 天，捞出沥干水分。

（3）装坛：将莴笋皮铺开，把莴笋片、橘子皮和姜片摆在上面；然后将莴笋皮卷起，包住莴笋片等料；卷好后用麻绳捆住，放入坛中。

（4）酱渍：把锅置火上，放入酱油煮开。离火冷却后，倒入上面坛中，加盖封好坛口，置于阴凉处。酱渍 2 个月左右即可食用。

3. 制品特点

本品咸辣脆嫩，形似虎皮，故又称其为虎皮酱菜。

（七）双酱香莴笋

1. 原料

鲜莴笋 5 千克，精盐 500 克，甜面酱和黄酱各 3.5 千克，浓度为 20％的盐水适量。

2. 制作方法

（1）择洗、盐渍：将莴笋择洗干净，与精盐一层隔一层地装入坛内，注入能浸没莴笋的盐水，压上重物。第 2 天翻动 1 次，以后每隔 2 天翻动 1 次，持续翻动 4 次，10 天后即可腌透，为咸坯。

（2）漂洗、脱盐：捞出咸坯，放入清水中漂洗 4～5 小时（中间换水 3 次，以降低咸味）；捞出阴干 1 天后，装入布袋。

（3）酱渍：将布袋放进酱缸进行酱渍，每天早、中、晚各翻动 1 次。春季和冬季用黄酱酱渍 5 天后，取出放入甜面酱中酱渍 5 天即成。夏季和秋季先用黄酱酱渍 3 天，取出放入甜面酱中酱渍 4 天即成。

3. 制品特点

本品菜色全黄，清脆爽口，回味略甜，香气诱人。

（八）紫油甜莴笋

1. 原料

莴笋 5 千克，精盐 750 克，面酱 2.5 千克，酱油和白糖各 500 克，味精 10 克，香油 100 克，浓度为 20％的盐水适量。

2. 制作方法

（1）择洗、盐渍：同双酱香莴笋，10 天后可腌透。

（2）浸泡、脱盐：将咸莴笋放入清水中浸泡，脱盐，泡至微咸时，捞出沥干。

（3）切丝：将沥干水分的莴笋切成 0.2 厘米宽的细丝。

（4）酱渍：先将面酱和酱油混合成酱液，倒入一干净菜坛中，再把切好的莴笋丝投入酱液坛中，进行酱渍（每天上午、下午各翻动 1 次），2 天即成。

（5）食前调味：捞出莴笋丝，用酱油洗干净，放入盆中，撒入白糖和味精，淋入香油拌匀即成美味小菜。

3. 制品特点

本品色泽浅褐，油润光亮，色彩亮丽，入口香甜，清脆可口，酱香浓郁，风味独特。

（九）糖莴笋

1. 原料

鲜莴笋 12 千克，白砂糖 10 千克，白糖粉 2 千克，石灰 600 克。

2. 制作方法

（1）原料预处理：选用成熟适度的莴笋，过老、过嫩均不宜食用。去除笋叶及外皮，切成长 5 厘米、宽 1.5 厘米的长条。

（2）硬化：将莴笋条加入浓度为 6％的石灰水中，浸泡 10 小时左右，用清水反复漂洗干净，除去多余石灰。

（3）烫漂：将硬化过的莴笋条放入沸水锅中，烫漂10分钟左右，捞出，投进凉水中冷透。

（4）糖渍：将冷透的坯料与白砂糖一起放入锅内，糖的加入量为总糖量的2/3。煮沸后20分钟后起锅，倒入缸中糖渍3天。

（5）糖煮：把条坯、糖液重新倒入锅中，添加剩余白砂糖，先用旺火，后改文火煮1.5小时，待糖煮至能拉丝为止。

（6）上糖衣：捞出莴笋条，沥去糖液，放入白糖粉中拌匀，然后筛去多余糖粉，即可装入干燥洁净大玻璃瓶，或用食品塑料袋包装，随食随取。

3. 制品特点

本品表面附着白色糖霜，香甜柔软，有莴笋清香，总糖量为70%左右。

注意：糖尿病患者和肥胖者不宜食用。

（十）糖醋香芹

1. 原料

鲜芹菜5千克，白糖0.5千克，食醋1.5千克，食盐0.3千克。

2. 制作方法

（1）预处理：将芹菜除去叶和根后，洗净晾干，切成4厘米长的段。

（2）配糖醋液：将锅置火上，放入适量水，加入食盐和白糖，烧开后，加入食醋，搅匀，晾凉。

（3）糖醋渍：将芹菜段放入一刷净的坛内，倒入晾凉的糖醋盐水，搅匀。每天翻动1次，腌渍5天后即可食用。

3. 制品特点

本品色泽黄绿，质地脆嫩，甜酸咸鲜。

（十一）五香豆芹

1. 原料

芹菜 5 千克，黄豆 0.75 千克，八角、花椒、鲜姜、大蒜、大葱、精盐、香油、醋各适量。

2. 制作方法

（1）选料与预处理：选用茎肥壮、质嫩的新鲜芹菜为主原料，摘去菜叶和老茎后，洗净，再切成 1.5 厘米长的段；将黄豆去杂洗净，泡开置火上加水煮熟。

（2）配调味料：把适量鲜姜、大蒜择洗干净后，与花椒、八角、食盐一起，放入沸水锅泡一下；加入酱油和醋，调匀，倒入已刷净的坛中；再把芹菜和黄豆也倒进坛内，盖上盖；将坛沿注满凉开水，坛子置于阴凉干净处。

（3）腌渍：腌渍 10 天左右即可取食。吃时，拌入葱花，淋入香油即成。

3. 制品特点

本品色泽深绿，五香味浓，菜脆豆粉，营养爽口。

（十二）盐渍香菜

1. 原料

香菜 2 千克，大葱 1 千克，精盐和生姜各 50 克，大蒜和辣椒粉各 100 克，味精 2 克。

2. 制作方法

（1）预处理：将鲜香菜择去烂黄叶和根后，洗干净，从中间一切为 2 段；将大葱去皮和头须，洗净后也一切为 2 段。将香菜和大葱用精盐腌 6 小时。

（2）制调料：将辣椒粉用温开水浸泡一下；将姜和大蒜洗净，剁成碎末后与辣椒粉和精盐一起拌匀，制成调料。

（3）脱盐：将腌好的香菜和葱捞出，放入清水中洗 2 遍，脱去部分盐味，沥干水分后，装入较大的盆中。

（4）配料：将调料和香菜、大葱一并拌匀，成为混合料。

（5）入坛、腌渍：将混合料放入干净坛中，压上重物，密封腌渍 1 个星期后即成。

3. 制品特点

本品咸香可口，既可做调料，也可做小菜食用。

（十三）速冻菠菜

1. 原料

鲜嫩菠菜。

2. 制作方法

（1）选料：选用叶大、肥厚、鲜嫩，株形完整，收获时不散株、不浸水，没有重力捆扎、叠高重压，无机械伤，无病虫害的菠菜。

（2）预处理：除尽根头须根，摘去枯叶、残叶，拣出散株、抽薹株，清洗干净。

（3）烫漂、冷却：先将根部放入沸水中烫漂 30 秒左右，然后再将全株浸入烫漂 30 秒左右。将烫漂后的菠菜立即投入冷水中，冷却至 10℃ 以下。

（4）沥水、冻结：用振动筛沥去水分，置于 18 厘米×13 厘米长方盒内，摊整齐，每盒装 530 克，酌水分多少而定。将菜根理齐后朝方盒一头装好，然后再将盒外的茎叶向根部折回，成长方形的块。将长方形的菠菜块送零下 35℃ 以下的速冻机冻结，至中心温度零下 18℃。

（5）包冰衣：用冷水脱盒，然后轻击冻盒，将盒内菠菜置于镀冰槽内包冰衣后，在 3℃～5℃ 冷水中浸渍 3～5 秒钟，迅速捞出。

（6）包装、冻藏：按每箱 500 克×20 袋，净重 10 千克的规格进行包装。包装后，入冰室冻藏。

3．制品特点

本品组织细嫩，茎叶肥厚，呈青绿色，株形完整，食之无粗纤维感，具本品应有的滋味和气味，无异味。

七、葱蒜类制品

（一）干姜片和姜粉

1. 原料

新鲜姜块。

2. 制作方法

（1）选料：选用新鲜姜块，洗净泥沙，轻度刮去表皮。

（2）切片：手工或用切菜机将生姜切成 0.3 厘米厚的姜片或姜丝。

（3）干制：可进行自然干制或人工干制。正常天气下，放到阳光下晒 3～5 天，即可成干姜片（丝）；人工干制一般采用烘烤房，温度控制在 65℃左右，烤干即成。

（4）捣碎过筛：以高速捣碎机将其捣成粉末，过 100 目筛，得干姜粉。

（5）包装：干姜片和干姜粉都应及时用食品塑料袋进行包装，以防潮、防长虫。

3. 制品特点

干姜片和姜粉均为黄白色，姜味浓郁，前者为片状，后者为粉状，颗粒大小均匀，无异色黑点杂质。干姜片含水量小于 8%，姜粉含水量小于 3%。

（二）糖姜片

1. 原料

鲜姜 10 千克，白砂糖 6 千克，白糖粉 8 千克。

2. 制作方法

（1）选料：选用肉质肥厚、结实少筋、块形较大的新鲜嫩姜做原料。

（2）去皮、切片：将新鲜生姜先行水洗，去掉泥污，刮去姜皮，修剪掉枝芽。然后人工或用切片机将其切成不规则的姜片，片厚 0.3～0.5 毫米。

（3）预煮：鲜姜 10 千克，加清水 8 千克，放入锅中煮沸数分钟，捞出漂洗，沥干水分。

（4）糖煮：鲜姜 10 千克，加入白砂糖，再加清水 2.2 千克，放入锅中煮沸，上下翻动，煮一个半小时，至糖液浓缩，下滴成珠时，即可离火；将姜片捞出，沥去糖液。

（5）拌糖粉：预先将 8 千克白砂糖磨成糖粉，将姜片倒入糖粉中拌匀，筛去多余的糖粉。

（6）干燥：将上了糖粉的糖姜片摊晒 1 天，干燥后即为成品。

3. 制品特点

本品内姜黄，外为白色糖霜，片形薄，厚薄一致，无粘连，有甜辣味，无异味。

（三）五味姜

1. 原料

咸姜坯 10 千克，白砂糖 30 克，柠檬酸 40 克，甘草液 1 千克，食用色素 1 克。

2. 制作方法

（1）原料预处理：把鲜姜去泥，洗涤干净，用竹片或铁片刮去表皮（也可用去皮机），再次洗净。

（2）盐腌：按一层食盐一层姜的顺序将姜在缸内逐层叠放（每3.1千克生姜约需盐1千克），底层少放盐，顶层多放盐。然后灌入凉开水，浸泡15天左右。

（3）晒干、制坯：将腌好的生姜取出晒至八成干，然后用小圆木稍微捶一下，即成姜坯。

（4）配料、浸泡：按上述原料配方将制好的姜坯配上糖、柠檬酸、甘草液和食用色素，充分拌和均匀，再放进干净菜坛浸泡2天。第2天用木棍（专用的洁净木棍）翻动1次。

（5）晒干（或烘干）：浸泡3天后，取出姜块晒干或烘至八成干，筛去渣屑，即得五味姜。用干燥洁净玻璃装或用食品塑料袋定量密封包装，随吃随取。

3. 制品特点

本品色黄，微酸，甘甜辛辣，回味无穷。

（四）广东糖醋酥姜

1. 原料

生姜肉10千克，食盐3.5千克，白砂糖11.5千克，胭脂红食用色素1克，白醋适量。

2. 制作方法

（1）选料：以肉厚、不老不嫩的姜为好，一般以8～11月初收获的姜为佳。

（2）鲜姜预处理：先用水洗净，摘除叶片和老根，用擦皮机去皮，再人工修整。将刮完皮的生姜先放入水中防止变色（称褐变），待全部姜去皮后，迅速沥干水分。

（3）盐腌：将沥去水分的姜放入腌菜缸（或坛），加入食盐

（生姜与食盐的比例为 5：1），分层撒盐，叠放平整；加封面盐，用竹笪盖上，压上重量为姜重的 20％ 的净石块，盐渍 1～2 天。此为初步脱水，随即捞起沥水，转入另一缸（或坛）。

（4）复腌：再次用生姜重量约 15％ 的食盐，如同初腌，对初步脱水的生姜进行复腌；同样盖上竹笪，压上姜重 35％ 的重石，腌制 60 天，便成姜坯。在腌坯过程中，要注意腌液中盐的浓度不要低于 20％，同时盐水要漫过姜面。

（5）切片：制成品时，先将复腌好的姜块捞出，切成 2 厘米×2 厘米左右大小、0.2 厘米厚的片状，放入清水中。

（6）漂洗、除咸味：在清水里浸泡 17～18 小时，中间换水 1 次，捞起加压沥水。

（7）醋腌：将压水后的姜块放入 2 度食用白醋里腌渍 1 天后，捞出沥干。

（8）调色：将胭脂红食用色素用适量开水溶化后，分成若干等份，姜片也同样分成相应份数。倒入盆中，分别拌和均匀，每隔半小时翻拌 1 次。数次后，一并倒入缸（或坛）中，放置 1 天，让色素渗入姜肉内。

（9）糖腌：糖腌姜片分 3 次进行。每次加入白砂糖 1/3，第三次多留出 2.5 千克糖。每隔 1 天加糖 1 次，第三次加糖要腌制 4～6 天，再将糖液全部倒出，加入剩下的 2.5 千克糖，用文火熬煮 90 分钟；浓缩后冷却至 60℃ 时，倒回姜片中，让姜充分吸糖，即成糖醋酥姜。

3. 制品特点

本品为广东特产之一，色泽鲜红，口味清爽，姜片饱满柔软，既可做烹饪的调味配料，又可做糖果食用。

（五）腌姜芽

1. 原料

鲜姜芽（即子姜）10千克，食盐2.5千克，凉开水0.5千克。

2. 制作方法

（1）选料：选用伏天滋生的淡绿色、幼嫩整齐、新鲜的姜芽为原料，剔除老姜及杂物。

（2）清洗除杂：用清水洗净姜芽表面的泥沙和污物，然后控干水分。

（3）盐腌：按原料配比将姜芽与食盐装入坛内。装坛时，每摆一层姜芽撒一层食盐，并逐层压紧。每层淋入少量凉开水，以促使食盐溶化。然后在姜芽顶层撒满一层食盐，腌制5天左右，即可食用。腌制姜芽一般不进行倒缸，以防变色。

3. 制品特点

本品色泽黄白，质地鲜嫩，味咸，略有辛辣气味。

（六）泡辣子姜

1. 原料

子姜10千克，一等老盐水10千克，食盐1千克，红糖100克，鲜小红辣椒500克，白酒200克，香料包1个（八角10克，花椒20克，香草10克）。

2. 制作方法

（1）原料处理：选用质地细嫩、芽瓣多、无病虫害的新鲜子姜为泡制原料。刮去子姜的粗皮，削除姜咀和老茎，用清水漂洗干净。

（2）盐腌：将处理好的子姜加食盐进行腌制，腌2～5天，取出，晾干表面水分。

（3）装坛：选用无砂眼、无裂纹的泡菜坛，洗刷干净，控干水分。将老盐水倒入坛中，加入白酒和配料中一半用量的红糖，搅拌均匀，再放入红辣椒。然后装入处理好的子姜，装至半坛时，放入余下的红糖和香料包。继续装入子姜到九成满，用竹片卡紧，使子姜不致漂浮起来。盖上坛盖，注满坛沿水，密封坛口。

（4）发酵：装好坛后，将菜坛放在通风、干燥、清洁的地方，进行发酵。一般泡制 7 天左右即可成熟。

3. 制品特点

本品色泽淡黄，质地鲜嫩，味咸，微辣带甜，清香爽口。

（七）双酱子姜

1. 原料

生子姜 5 千克，精盐 1 千克，甜面酱、黄酱各 5 千克。

2. 制作方法

（1）选料和清洗：选用质地细嫩、芽瓣多的新鲜子姜为原料。刮除姜皮，削去老茎后，清洗干净，沥干水分。

（2）入坛、盐渍：将干净的子姜和精盐按一层子姜一层盐的顺序装入坛中，边装边压紧物料。装完后，倒入浓度为 20％的盐水，以浸没子姜为宜，且在上面交叉卡上 2 块竹片，压上干净的石块。第三天上下翻动 1 次，腌渍 10 天。

（3）浸泡、脱盐：将腌好的咸子姜放入清水中，每天换水 1次，3 天后装入布袋，沥干水分。

（4）黄酱渍：将沥干水分、装有子姜的布袋重新放入坛中，加入黄酱搅拌均匀，酱卤 5 天，每天翻动 3 次。

（5）面酱渍：将子姜及布袋上的黄酱洗净，投入另一干净坛中，再加入甜面酱浸渍。每天翻动 2 次，酱渍 20 天左右即成。

3. 制品特点

本品呈金黄色，口味清香，酱味浓郁，咸甜带辣。

（八）糖醋子姜

1. 原料

咸子姜 10 千克，白糖 3 千克，食醋 1.6 千克，酱油 2 千克。

2. 制作方法

（1）选料：选用已腌制为成品的咸子姜为原料，见"腌姜芽"。

（2）浸泡、脱盐：将咸姜芽放入清水中浸泡 4～8 小时，中间换水 2～3 次，至姜芽略有咸味时，捞出控干水分。

（3）糖醋渍：按原料配比，将食醋、酱油和白糖放入锅内煮沸，晾凉后，与姜芽一起倒入缸内，翻拌均匀后，进行糖醋渍。每天翻动 1 次，7 天左右即可为成品。

3. 制品特点

本品色泽呈黄褐色，质地清脆，酸甜适口。

（九）蜜桂花子姜

1. 原料

嫩生姜 10 千克，白糖 10 千克，蜂蜜 2 千克，鲜桂花 100 克，食盐 800 克，冷开水适量。

2. 制作方法

（1）原料预处理：将鲜嫩生姜去皮，洗去泥沙、污物等，用盐腌 10 天后，捞出晾干，切成薄片。

（2）拌料浸泡：将白糖放入锅中熬到起白沫时，取蜂蜜与冷开水搅匀后，冲入糖浆中；然后撒匀桂花，取出冷却，与姜片一起倒入坛中，浸泡 15 天即为成品。

3. 制品特点

本品色泽金黄透明，甜蜜辛香，美味独特。

（十）姜糖

1. 原料

鲜姜 1 千克，优质红糖 28.5 千克，熟素油（食用植物油）4.5 千克，糯米 11 千克，芝麻 2 千克，核桃仁 2 千克，蜜玫瑰 2 千克。

2. 制作方法

（1）挤姜汁：将鲜姜洗净，用绞肉机绞碎，加 0.25 千克凉开水拌匀，挤出姜汁；再加 0.25 千克凉开水拌匀，再挤 1 次，将 2 次挤出的姜汁合并。

（2）制糯米粉：将糯米用 50℃～60℃温水淘洗 4～5 分钟，捞在簸箕里滤去水分。次日清晨用净沙（用菜油炒过的沙），加大火炒糯米，炒发泡之后（不要炒黄），磨成细粉，摊在簸箕里，放在地上 2～3 天，用手捏粉可成团即可。

（3）溶糖：将红糖入锅，加水 2 千克左右，使糖溶化，过滤、沉淀，除去杂质。

（4）熬糖：将经过滤的清净糖汁入锅，少量、逐渐地加入姜汁和米粉，以免成团。同时以小火熬制，温度掌握在 80℃～90℃，边熬边搅拌，使糖汁、米粉与姜汁渐渐成浓糊状态时，加入优质熟素油，继续煮开。然后加芝麻、核桃仁、玫瑰，拌和均匀。

（5）摊冷、切块：将熬好的姜汁糖糊舀到案板上摊开，稍加冷却至不十分烫手时，用木棒擀成 3 厘米厚的片，切成棋子块，即成姜糖。

3. 制品特点

本品姜香浓郁，绵软滋润，有暖胃散寒、活血化痰之功效。

（十一）醋腌蒜

1. 原料

鲜白皮蒜 5 千克，食盐 500 克，糖色 100 克，清水 10 千克，食醋 2 千克。

2. 制作方法

（1）去梗、剥皮：首先除去蒜梗，去掉两层表皮。

（2）浸泡：用清水将蒜浸泡 1 周，每天换水 1 次，倒缸 1 次，以去除辛辣味。

（3）沥干：将浸泡好的蒜捞出，沥干水分。

（4）晒制：将沥干水分的蒜在太阳下晒至表皮起皱时装缸。

（5）醋腌：将醋、盐和糖色连同水混在一起，烧开，趁热浇进缸内予以封闭，进行腌制。通常腌 40 天左右即可。腌制后的醋液加适量的盐后，仍可继续作为腌汁使用。

3. 制品特点

本品酸咸开胃，香嫩可口。

（十二）上海坛腌蒜头

1. 原料

鲜蒜头 10 千克，食盐 350 克。

2. 制作方法

（1）选料：以小满节后芒种节前收获的大蒜腌制的成品最好。应选用形态饱满，大小匀称，肉质细嫩，不散瓣，八成熟的新鲜大蒜为原料。

（2）预处理：将蒜头剥除根须，剪去叶茎，留 2.5～3 厘米的叶鞘（假茎），削除外层老皮。操作过程中应注意保持蒜头清洁无泥土，不要用水清洗。

（3）盐腌：将经过预处理的蒜头与食盐按原料配比，一层蒜一层盐地装入小口大肚坛内。装满后用 3～4 层牛皮纸将坛口封好，进行盐腌。

（4）滚坛：装坛后第三天开始滚坛，每天早、晚各滚动 1 次，连续滚动 3 天。滚坛时，可将坛卧倒，在地上来回滚动坛体。

（5）封口：装坛后第六天，可在坛口加包一层毛竹叶，再用泥封口，放置于室内。隔 10 天左右可再滚坛 1 次，1 个月后即为成品。

3. 制品特点

本品色泽黄亮，蒜头无脱皮散瓣，质地脆嫩，不粘手起涎，蒜香浓郁，鲜甜，微辣爽口，为上海风味。

（十三）无臭大蒜粉

1. 原料

剥皮大蒜 5 千克，水 7.5 千克，蛋黄适量。

2. 制作方法

（1）洗净：将剥皮大蒜用自来水洗净，除去污烂变质的蒜瓣。

（2）熬煮：将洗净的大蒜放入非金属锅中，倒入水，用文火进行熬煮，约 3～4 小时。

（3）再煮：在上述煮过的大蒜中加入足量蛋黄，边搅拌，边继续加热煮制，直到总重量与生大蒜重量相近或比后者稍轻为止。

（4）摊平、划痕：将熬制好的大蒜浆摊在扁平的容器中，厚度以 1 厘米为宜，并在大蒜浆上以适当的形状和间隔划痕。

（5）冷冻干燥：摊平划了痕的大蒜浆，进行冷冻干燥。

（6）粉碎：在干燥空气下进行磨碎。

（7）封装：将大蒜粉与干燥剂放在一起，封在不透气、不透水的容器中保存，即为成品。

3. 制品特点

本品添加于食品中无臭味，对胃壁刺激性很小，无副作用，是一种安全而良好的食品调味剂。

（十四）咸酸甜蒜

1. 原料

鲜大蒜头 10 千克，食盐 1 千克，白糖 1 千克，甜蜜素 20 克，食醋 3.5 千克。

2. 制作方法

（1）选料：选用鳞茎颗粒整齐、肥大、肉质鲜嫩、蒜皮白色、七八成熟的新鲜大蒜头为原料。剔除有病虫害和严重机械伤害的蒜头。

（2）预处理：削去须根和茎叶，但要保留 1.5～2 厘米长的假茎，以防蒜瓣裂开脱落，留 2～3 层嫩皮，然后用清水漂洗，沥干水分。

（3）盐腌：按鲜蒜头与食盐 10∶1 的比例，将蒜头与食盐逐层装入缸（坛）内摆平，进行盐腌。通过盐腌可使蒜头紧缩，防止散瓣，并可脱除部分蒜的辛辣味。

（4）倒缸：盐腌过程中，每天早、晚各倒缸 1 次，直至盐卤能腌到全部蒜头的 3/4 处为止。在缸中蒜头的中央留一个空穴，以使盐卤流入空穴中。然后每天用勺将缸内盐卤浇淋在蒜头上面，连续浇淋 7 天，即为咸蒜头。

（5）晾晒：将腌好的咸蒜头捞出，摊放在竹席上进行晾晒。日晒时需经常翻动，夜间将其覆盖，防雨。一般晒 3～4 天，晒至蒜皮有韧性为止。一般将 10 千克咸蒜头晒到 7 千克即可。

（6）糖醋渍：按每 10 千克半干咸蒜头用食醋 7 千克、红糖或白糖 1.8 千克、甜蜜素 22 克的比例，先将食醋煮沸后，加入白糖（或红糖、甜蜜素），使其溶解，搅拌均匀，晾凉，制成糖醋液备用；将半干的咸蒜头装入干净的坛中，边装边轻轻压紧，一般装至半坛或2/3坛时，留一定的空隙，灌入已配好的糖醋液，进行浸渍。糖醋液用量与蒜头的比例一般为（0.8～1）∶1。

（7）封坛：装好坛后，在坛口处用竹片呈"十"字形卡住，以防蒜头上浮；然后用塑料薄膜覆盖好坛口，用绳捆扎封严。也可用油纸、牛皮纸覆盖好坛口，用绳捆扎，再涂敷三合土，将坛口封闭严密。30～40天即可成熟。若大量生产时，也可用中等陶釉缸盛装糖醋渍蒜，用塑料薄膜密封缸口。

（8）储存：将糖醋渍蒜坛放在阴凉、干燥的环境下储存。家庭用的泡菜坛应注意经常保持坛沿上充满清洁水，以保证封口严，不进空气和杂物，以免引起蒜质软化、腐败、变质。

3. 制品特点

本品色泽为黄褐或棕红，质地细嫩，味甜酸，微咸，具蒜香的特殊风味。

（十五）脱臭酸甜蒜

1. 原料

鲜大蒜头10千克，红（白）糖3千克，食醋7千克。

2. 制作方法

（1）选料：选用肉质鲜嫩、八成熟的白皮大蒜头为原料，剔除有病虫害和严重机械损伤的蒜头。

（2）预处理：切除蒜头的须根和茎叶，保留1.5～2厘米长的假茎，以防蒜瓣裂开脱落。剥去蒜头外层的老皮，保留2～3层嫩皮。在预处理中应注意不要损伤蒜肉，以防腌渍时蒜头软烂。

（3）脱臭：将经处理的蒜头在清水中浸泡8小时左右，每隔2小时换水1次，脱除部分大蒜的辛辣臭味。而后捞出，将蒜头根部向上，倒置控干水分。

（4）糖醋渍：先按原料配比将糖、醋放入锅内调好烧开，使糖溶解，搅拌均匀，晾凉备用。再将控干水分的蒜头装入坛（或缸）内，边装边轻轻压紧。然后倒入已调配好的糖醋汁液，进行浸渍。每天翻动 1 次，连续翻动 7 天，以使蒜头腌制均匀。40 天左右即为成品。

3. 制品特点

本品呈浅红褐色，质地脆嫩，味道酸甜，具蒜香，无辣味。

（十六）甜酸蒜瓣

1. 原料

去皮白蒜瓣 5 千克，食盐 0.4 千克，食糖 0.4 千克，食醋 2.5 千克，酱油 1.5 千克，花椒、胡椒粉各适量。

2. 制作方法

（1）洗蒜：将去皮的蒜瓣用清水洗净，拣去破损的烂瓣，晾干水汽。

（2）浸泡：将食盐溶于凉开水，然后把洗净的蒜瓣倒入盐水中，进行浸泡。盐水要浸没蒜瓣。室温下静置 10～12 天，去除辛辣味。

（3）漂洗：将浸泡过的蒜瓣捞出，用清水漂洗，除去大部分盐味。

（4）摊盘、晾晒：将漂洗后的蒜瓣捞出，摊于篾盘，晾晒至八成干。

（5）除臭：将晾晒干的蒜瓣倒在瓷盘中，撒入一些胡椒粉，拌匀，摊开，搁置一天一夜。中间翻动 3～5 次，帮助除臭味。

（6）配调料：将食糖、食醋、酱油、花椒入锅，加热煮沸，制成腌汁。

（7）腌制：将经除臭处理的蒜瓣倒进容器（干净坛或缸），

并倒入上述腌汁，封好进行腌制。20～30 天后，无臭甜酸蒜瓣即制成。

3. 制品特点

本品内层熟透为酱色，质地脆嫩，酸甜可口，无辛辣味，清香宜人。

（十七）荆州糖蒜

1. 原料

鲜独头蒜 10 千克，食盐 1.5 千克，白糖 4 千克，柠檬酸 10克，山梨酸钾 5 克。

2. 制作方法

（1）选料：选用立夏节收获的质地细嫩的新鲜独头蒜为原料。

（2）预处理：剥去蒜头外面的老皮，剪去茎叶，留 2 厘米长的假茎，削除须根；而后用清水洗净泥沙；然后将其用清水浸泡2～3 天，直至水面无泡沫上浮为止，捞出控干水分。

（3）盐腌：将控干水分的蒜头与食盐按配比一层蒜一层盐地装入缸（坛）内，进行盐腌。10～12 小时后翻缸。每天翻缸 2次，10 天后，每天翻缸 1 次，翻缸应彻底均匀。每次翻缸后在缸内蒜头中央留个凹形的小坑，以利于气体排出。

（4）脱盐：将盐腌过的蒜头捞出，用清水浸泡 1 天，中间换水 1 次，使蒜头食盐量下降到 5％。捞出装入袋内，进行堆叠，适度压榨，除去水分。

（5）糖渍：将经脱盐的蒜头与白糖、柠檬酸和山梨酸钾按配比装入缸内，拌和均匀。缸面再铺一层 3～4 厘米厚的白糖，待糖溶化后，盖上罩子，放置篦格，压上重物（如耐酸瓷砖等），缸口用牛皮纸或薄膜封闭，糖渍 3 个月即为成品。

3. 制品特点

本品色泽白色微黄，晶莹透明，质地清脆，甜酸，微咸适口，香气独特。

（十八）蒜蓉酱

1. 原料

剥皮蒜瓣 5 千克，豆酱 2.5 千克，甜面酱 3.5 千克，红辣椒 1.25 千克，麻油（即香油）适量。

2. 制作方法

（1）洗料：将蒜瓣、红辣椒用清水洗干净，沥干水分。

（2）磨浆：分别将蒜瓣、辣椒用石磨磨成浆汁。

（3）拌料：将上述浆汁与豆酱、甜面酱及麻油拌在一起，混合均匀。

（4）装缸、发酵：把上述拌匀的酱装入容器，进行发酵，约经 3～6 个月即可。

3. 制品特点

本品色泽酱黄，蒜香味浓，开胃可口。

（十九）脱臭大蒜液

1. 原料

生大蒜头、生菜油。

2. 制作方法

（1）预处理：将生大蒜头去梗、去皮，洗净，剔除霉烂变质蒜瓣。

（2）榨汁：用榨油机将洗净的蒜头进行加压榨汁，得到液态大蒜液，去除纤维和其他固形物。

（3）破酶：将上述大蒜汁在 10℃ 以下的温度条件下放置 4～5 天，以破坏致使产生蒜臭的蒜酶的活动。

（4）脱臭：将上述榨汁与其重量 5％～10％ 的生菜油混合，进行充分搅拌后静置。

（5）分离：数天后，容器内出现明显的两层，上层为蛋黄色的调味汁拌白色生菜油层，下层为深褐色的半透明液层。将底层半透明液分离出来，即为提取到的无臭大蒜液。

3. 制品特点

本品为深褐色半透明液，是无蒜臭的调味料。

（二十）蒜酱蒜薹

1. 原料

蒜薹 10 千克，蒜头 0.75 千克，酱油 1 千克，味精适量。

2. 制作方法

（1）预处理：将蒜薹择洗干净，去老梗部分，然后放进沸水锅中焯一下。

（2）洗坛、装料：选一干净泡菜坛，刷洗干净，并擦干，然后将蒜薹放入坛内。

（3）加卤酱制：将蒜、酱油、味精搅拌在一起，注入坛内，和蒜薹搅匀，10 天后即可食用。

3. 制品特点

本品蒜香、酱红，色鲜味美。

（二十一）紫油大蒜

1. 原料

大蒜 10 千克，食盐 1 千克，酱油 4 千克，红糖 0.5 千克，香辛料（花椒、大料、桂皮、小茴香等）适量。

2. 制作方法

（1）选料：选用个头均匀、八九成熟的新鲜紫皮蒜头为原料，剥去外层老皮，留 1～2 层嫩皮。

（2）清洗：用清水将处理过的蒜头洗净，并控干水分。

（3）盐渍：将蒜头与食盐按 10∶1 的比例，以一层大蒜一层盐的顺序装入缸内，进行盐渍。每天倒缸 1 次，以促进食盐溶化，并脱除辛辣气味。7～8 天后取出，控干表面水分。

（4）酱油渍：先将香辛料加水在锅中煮沸，熬制成香料液；再将酱油、红糖、大蒜放入大坛内，再倒入已制好的调味酱油，以浸过蒜头 5 厘米为度；然后封好坛口，进行酱渍。40 天左右即可为成品。

3. 制品特点

本品色泽浅红褐，质地脆嫩，味道甜咸微辣，清香可口。

（二十二）糖醋蒜薹

1. 原料

鲜嫩蒜薹（蒜苗）10 千克，食糖 2.5 千克，食盐 0.5 千克，食醋 6 千克。

2. 制作方法

（1）选料、处理：选用质地脆嫩、粗细均匀的蒜薹为原料；将蒜薹根梢、苔苞摘除，洗净，沥干水分，切分为 5 厘米长的段，放入缸（坛）内。

（2）溶料：将醋和糖、食盐一起煮开、溶化、晾凉，制成腌汁。

（3）腌制：将腌汁倒入装有蒜薹的缸（坛）内，淹没蒜薹，上压干净石块，加盖封缸。每隔 15 天倒缸 1 次，过 45 天后即为成品。

3. 制品特点

本品色泽呈褐绿，质地爽脆，酸甜适口，清香无异味。

(二十三) 咸蒜苗

1. 原料

鲜蒜苗 100 千克，16％～18％的盐卤 5～6 千克，食盐 15 千克。

2. 制作方法

(1) 原料选择：蒜苗要求在幼嫩时及早采收，一般在立夏至小满间。

(2) 腌制：鲜蒜苗被采收后，应及时处理，防止后熟。先拣去鲜苗顶端花球及老根，选用幼嫩部分，剪切成长约 4 厘米的短苗，称重后放入缸内。每 100 千克蒜苗洒 16％～18％盐卤 5～6 千克，撒食盐 15 千克。加盐宜少量均匀，每铺放一层蒜苗洒一层卤。撒盐时要求底层少，上层多。盐渍后每天倒缸 2 次，并进行翻倒搓揉，促使盐粒溶化，盐分渗透均匀。腌渍 1 周后，改为每天翻拌倒缸 1 次。腌渍 10 天后即为半成品，可备装坛储存。

(3) 装坛储存：将盐渍成的咸蒜苗装入陶釉质的坛子内密封。一般装坛 1 个月后即可食用。因含盐量较高，装坛宜选择容量较小的绍兴酒坛。由于食用与销售时，大都面临初夏高温，开坛后应连续食用，不宜久储。长期敞口储存会发黏变质，从而影响成品质量。

空坛应洗净干燥后使用。装坛前，坛底应加少量食盐，然后逐层用木棒，层层按紧。装满后，坛口再加少量封口盐塞紧，2～3 天后将坛口倒置储存。

3. 产品特点

本品色泽翠绿，细嫩清脆，鲜香爽口。

（二十四）泡大蒜

1. 原料

鲜大蒜 5 千克，食盐 1.2 千克，红糖 75 克，料酒 100 克，香料包 1 个（大料 100 克，花椒、小茴香、桂皮各 50 克）。

2. 制作方法

（1）将大蒜根须和表层老皮去掉，洗净后控干水分，用食盐 500 克盐渍 10 天左右，捞出沥干备用。

（2）将各种调料及剩余食盐放入锅内，加水煮沸后晾凉澄清，倒入泡菜坛内。

（3）将大蒜泡入料汤内，密封坛口，30 天左右即为成品。

3. 产品特点

本品呈浅黄色，质地脆嫩，味道咸甜清香。

（二十五）炸香葱

1. 原料

葱头 1.5 千克，生菜油 1 千克（实耗 200 克），面粉 175 克，盐 1.5 克。

2. 制作方法

（1）将葱头去皮洗净，横切成圆圈形状的片，加面粉混合拌匀。

（2）在锅内放生菜油，大火烧至七成热，将葱头放入锅中炸 3～4 分钟，随即移到小火上；炸至快熟和上色时，再用旺火稍炸片刻，炸成金黄色，用漏勺捞出，控净油。

（3）食时装盘，撒上细盐。

3. 产品特点

本品色金黄，味鲜香，质酥脆。

（二十六）酸奶洋葱

1. 原料

洋葱 100 克，新鲜薄荷叶 30 克，青椒 20 克，酸奶 250 克，辣椒粉 0.5 克，精盐、味精各适量。

2. 制作方法

（1）将洋葱洗净，切成小块；将薄荷叶洗净，切成细末；将青椒去蒂、籽，洗净，切成细丝，备用。

（2）将洋葱块、薄荷叶末、青椒丝装盘，加入酸奶、精盐、味精、辣椒粉调好口味。

（3）加盖置于冰箱冷藏 1～2 小时，即可食用。

3. 产品特点

本品清凉适口，防暑解热。

（二十七）糖醋洋葱

1. 原料

鲜洋葱 10 千克，食盐 0.5 千克，白糖 1.2 千克，食醋 3 千克，生姜 0.1 千克。

2. 制作方法

（1）选料：选用鳞片较薄、质地细嫩的黄皮洋葱头做原料，剔除生芽和腐烂的葱头。

（2）预处理：剥去葱头表面干燥膜质的鳞片，削去须根和顶端干缩叶茎，然后用清水洗净泥土和杂物。

（3）切分：将经处理的洋葱纵向切分为 0.5 厘米宽的细丝；把鲜姜洗净、去皮，切成粗为 0.1～0.15 厘米的细丝。

（4）盐腌：将切分的洋葱丝与食盐按配比在容器中混拌均匀，盐腌 4 小时，中间翻拌 1～2 次。当洋葱丝盐腌入味后，取出沥干盐卤，或放置在阴凉处晾半天。

（5）制糖醋液：按原料配比将白糖和醋放在锅内加热煮沸，使糖溶化，搅拌均匀后，晾凉制成糖醋液。

（6）糖醋渍：将经盐腌的洋葱丝与姜丝混合在一起，装入干净坛内，倒入配制好的糖醋液，翻拌均匀，进行糖醋渍。每天翻拌 1～2 次，3～6 天后，即可为成品。

3. 制品特点

本品色泽浅黄，质地脆嫩，味道酸甜，略咸，微辣爽口。

（二十八）韭菜花酱

1. 原料

韭菜花 5 千克，精盐 0.1 千克，鲜姜 0.15 千克，白矾 25 克。

2. 制作方法

（1）选料：选用花为白色、质地鲜嫩、无黑籽的韭菜花作为原料，摘除花梗和黄、烂叶及杂物。

（2）漂洗：将韭菜花用清水漂洗干净后，再在清水中浸泡 2 小时，然后捞出，控干水分。

（3）盐腌：先将鲜姜洗净，剁成碎末，白矾研磨成细粉；再按原料配比将姜末和白矾粉与食盐混合拌匀，制成调料食盐，然后将韭菜花与调料食盐混合，用粉碎机磨碎后，装入缸（坛）内，进行盐腌。每天打耙 2 次，即用木制的丁字耙，在盐腌的韭菜花内上下均匀地翻动，既可使韭菜花均匀吸收盐分，又可以散发热量，防止发酵。1 周后即为成品，可封缸保存。

3. 制品特点

本品呈深绿色，质地细腻，呈糊糊状，味道清香、鲜咸，具有韭菜花独特风味。

（二十九）紫油韭菜花

1. 原料

韭菜花 5 千克，酱油 2 千克，花椒 20 克，味精 4 克。

2. 制作方法

（1）预处理：将韭菜花择洗干净后，沥干水分；将花椒放入锅内置火上炒至焦黄，取出后用擀面杖擀碎。

（2）配料：将锅置火上，放入酱油烧开，晾凉，与韭菜花、花椒和味精一起倒入刷洗干净的坛内拌匀。

（3）酱渍：盖好盖，酱渍 15 天左右即可食用。

3. 制品特点

本品色泽深绿，质地鲜嫩，味咸清香。

八、白菜类和甘蓝类制品

（一）大白菜干

1. 原料

新鲜大白菜 100 千克，小苏打 0.5 千克。

2. 制作方法

大白菜干制分自然干制和人工干制两种，分述如下：

（1）自然干制

①原料预处理：将大白菜剔除枯叶及腐烂部分，切成 2～4 瓣，基部再用刀划几道缝，条间距离约 1.5 厘米；但勿使其分离，以便较厚的基部在热烫时容易烫透。

②热烫：将切好的大白菜装于筐中，菜帮在下，并挤紧，放入沸水中煮烫 4～5 分钟，以菜帮烫熟，呈半透明状为度。热烫时锅内水要始终保持沸腾状态。若在水中加入 0.5％的小苏打，即可保持绿色。

③冷却：热烫后，立即放入冷水中冷却，然后放在竹筛上将水沥干。

④晒制：将白菜搭在绳上或架上晾晒。白天在日光下直接晒制，晚上收回，挂在室内通风处继续风干。如果天气晴朗，也可昼夜置于室外晾晒，直至晒干为止，一般需要 2～3 天。

（2）人工干制

①原料预处理：将大白菜除去枯叶、烂叶，切掉根，冲洗干净，然后切成细丝。

②热烫：为了保护维生素 C 不流失，可先将处理好的菜放入 0.7％～0.19％的亚硫酸氢钠溶液中浸泡 30～45 分钟；然后再行热烫处理，将白菜放入沸水锅里热烫 4～5 分钟后立即捞出。

③冷却：放入冷水中冷却至常温，然后沥干水分，再铺到烘盘上进行干制。

④烘制：将烘盘送入烘房或干燥机中进行干燥，一般温度控制在 60℃～70℃，经 10 小时左右即可烘干。若使用附有鼓风设备的隧道干燥机，则 5～8 小时就可以烘干了。

（3）回软：经过自然干制或人工干制的大白菜必须经过 1～3 天的回软，使制品各部分水含量平衡，呈适宜的柔软状态，便于包装运输。

具体做法是：剔除过湿、过大、过小、结块及碎屑，冷却后立即堆集在密闭室内或容器中，进行短期储藏，使水分重新分布，达到平衡，产品的质地也稍显疲软了。

（4）防虫：采用热力杀虫法，用 65℃热空气对白菜处理 1 小时。

（5）压块：压块缩小干白菜体积，便于包装和运输。在热力杀虫后，立即进行压块，可采用螺旋压榨机，机内另附特制的压块模型。压块时一般压力为 7 兆帕，维持 1～3 分钟。

（6）包装：包装大白菜干宜在干燥、清洁和通风良好的环境中进行。门窗应装有纱窗，以防室外的灰尘和害虫侵入。包装容器通常为内有防潮纸的纸箱或纸盒。

3. 制品特点

本品色泽黄白或黄绿，软韧清脆，水分含量在 5％以下。

（二）酱什锦白菜

1. 原料

大白菜 5 千克，白萝卜 500 克，大葱、大蒜、苹果、梨各

250 克，甜面酱 1 千克，味精 10 克，食盐 125 克。

2. 制作方法

（1）将大白菜去黄帮洗净，沥干水分，并将整棵白菜剖成 4 瓣，切成小块，装进盆内，用盐 75 克腌 5 小时；将萝卜洗净去皮，切成小片，装入碗内，用食盐 25 克腌 5 小时。

（2）将苹果、梨洗净沥干，去籽切片；将葱蒜洗净，沥干后剁成碎末待用。

（3）用凉开水 1.2 千克溶化剩余食盐和味精，搅均匀后注入缸内，将菜料入缸，淹没菜料，盖上缸盖，腌 1～2 周后即成。

（4）倒掉缸内的盐卤，把初步腌制的白菜、萝卜沥干水分，再和苹果、梨、葱、甜面酱拌匀装缸，数日后即可食用。

3. 产品特点

本品具有脆、嫩、酸、辣、甜等特点。

（三）辣白菜

1. 原料

净大白菜 1 千克，水发香菇、精盐、干辣椒各 15 克，香油、鲜姜丝各 50 克，白糖 200 克，米醋 150 克，花椒 10 克。

2. 制作方法

（1）将大白菜去掉老帮，切成长 5 厘米、宽 0.7 厘米的条，码入盆中，放入白糖、精盐腌约 3 小时，挤干水分。将辣椒、香菇切成丝。

（2）在锅内放入香油烧热，放入辣椒丝、姜丝、花椒煸出香味，再马上加入香菇丝稍煸后，将此油倒入白菜中。

（3）在锅内加入米醋、白糖，熬至糖化、汤汁发浓时，锅离火，将汁浇至白菜上。

（4）在白菜上扣 1 个大瓷盘，腌约 1 天即可食用。

3. 产品特点

本品具甜、酸、辣、鲜，微麻，开胃利口，引人食欲等特点。

（四）腌白菜

1. 原料

鲜白菜 1 千克，精盐 100 克，芝麻油适量。

2. 制作方法

（1）将大白菜切成 4 瓣，用清水洗净，烘干水分。

（2）腌制时先在缸底撒一层盐，再将白菜切口向下，放一层菜撒一层盐（叠置），上压石块。大白菜被采收后仍保持有旺盛的呼吸作用，释放出水分和热量，如不及时加工处理，就会抑制呼吸，菜温逐渐升高，导致霉烂。因此，在首次入缸后的 20～24 小时内要倒缸 1 次，将缸下边的白菜翻到上面。第 3 天再翻 1 次，1 星期后再翻 1 次，一般 20 天后即可。

（3）食时捞出，改刀切成条或丝，拌上芝麻油即可上桌。若想食淡一点，则必须用温开水洗 1 遍，然后再改刀、调拌后食用。

3. 产品特点

本品色白嫩脆，清香爽口。

（五）腌高根白菜

1. 原料

高根白菜 5 千克，精盐 750 克，干辣椒少许。

2. 制作方法

（1）将白菜去掉老叶、黄叶，洗净，晾晒到七八成干时则装坛，每装一层菜加少许盐码好。装完后，顶上用干净的石块压紧，倒入凉开水，淹没菜即可，封口腌 1 个月后即可食用。

（2）食用时挤去水，可进行改刀，切成丝，同干辣椒或肉丝炒后食用。

3. 产品特点

本品味香爽口，是人们春季爱吃的一种小菜和佳肴。

（六）腌香辣白菜帮

1. 原料

大白菜帮 10 千克，精盐 1.6 千克，花椒、八角、小茴香粉、辣椒粉、熟芝麻和香油各适量。

2. 制作方法

（1）选料、清洗：选择白菜帮，去根去叶，择洗干净，沥干水分。

（2）盐渍：按一层精盐一层白菜帮的顺序将其整齐码入一干净坛内，逐层压紧，每天翻动 1 次，腌渍 1 周左右。

（3）切丝、脱盐：将腌好的白菜帮取出切成丝，投入清水中浸泡，除去一些盐分，用手挤去多余的水分。

（4）调味：根据个人爱好，将适量花椒、八角、小茴香粉和辣椒粉放入干净盆中调匀，倒入白菜帮，搅拌均匀，装入坛内，再腌渍 6~7 天。要吃时即从坛中取出，撒上炒熟的芝麻，再淋入香油，拌匀装盘即可食用。

3. 制品特点

本品脆嫩可口，香味浓郁。

（七）北方酸白菜

1. 原料

白菜 10 千克，食盐 0.5 千克。

2. 制作方法

（1）选料：一般以大小中等的新鲜大白菜为宜。

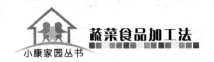

（2）预处理：将大白菜剥除老帮、黄叶，削去菜根，用清水洗净，控干附着的水分。

（3）改刀：小棵白菜可整棵使用，大棵的白菜可用不锈钢刀劈成两半，或从根部劈成"一"字或"十"字，刀口深度为5～8厘米。

（4）热烫：将整理好的白菜逐棵放入沸水中热烫2～3分钟，烫至白菜帮变得柔软，呈半透明乳白色时捞出，立即放入冷水中进行冷却，然后控干水分。

（5）装缸：将热烫后的白菜按一层白菜一层食盐的顺序层层码入干净的缸中。码菜时要注意根与菜梢颠倒码放，码齐装紧，最上层盖一层白菜帮，压上石块。而后倒入清水或米汤，以淹没菜棵10厘米左右为度。

（6）发酵：装好缸后，在15℃的温度条件下发酵20～30天即为成品。

此外，酸白菜的制作，也可不经热烫或不加食盐，只将白菜洗净，直接装缸加清水进行"生渍"。

3. 制品特点

本品菜帮呈乳白色，菜叶为黄绿色，质地柔嫩，味酸，无腐烂变质。

（八）朝鲜咸辣白菜

1. 原料

鲜大白菜10千克，食盐0.4千克，苹果0.5千克，大蒜0.2千克，胡萝卜0.5千克，生姜0.1千克，辣椒0.3千克，味精10克。

2. 制作方法

（1）预处理：将选好的白菜剥去老帮和黄、烂叶，削除根须。而后用清水洗净泥沙和污物，并晾干表面附着的水分。

（2）切分：将整理好的白菜进行切分，大棵菜纵切为 4～6 瓣，小棵无心菜不用切分。

（3）盐腌：按原料配比，每 10 千克大白菜加食盐 400 克。先将食盐化成盐水，盛入大盆，再将洗干净的白菜放在盐水内浸一下，捞出，一层层地码在缸内。码完之后，将剩余的盐水倒入缸中，最后用干净石块压好。注意码菜时，要交叉摆放，即上层菜的菜叶压住下层菜的菜帮，交叉铺平，以免菜叶被压烂。24 小时后上下翻倒 1 次，待白菜腌制到其外表像被开水烫过一样即可，通常需腌制 3 天左右。

（4）制调料：先将鲜姜、大蒜、辣椒洗净切碎，捣成饺子馅状；再将苹果和胡萝卜洗净去皮、去核，擦成细丝然后加入味精，混合均匀，制成调料。

（5）清洗：将经过盐腌的白菜用清水洗干净，控干水分。

（6）抹料腌制：把拌好的调料均匀地抹在白菜叶的内外，抹完之后一层层地码在刷洗干净的缸内，并逐层压紧，将剩余的调料倒在上面。不够时，倒入适量的低浓度凉盐开水，淹没菜体。然后将缸置于阴凉处，14 天后，自然发酵成熟，即为成品。

3. 制品特点

本品色泽呈红黄色，质地柔脆，酸辣可口。

（九）酱双萝白菜

1. 原料

大白菜 5 千克，青萝卜、胡萝卜各 500 克，精盐 450 克，酱油和香菜各 250 克，味精 20 克，辣椒粉 150 克。

2. 制作方法

（1）预处理：将大白菜择洗干净；将青萝卜和胡萝卜分别洗净后切成细丝，浸泡在水中 12 小时后捞出沥干水分；将香菜择洗干净，切成碎末待用。

（2）盐渍：将洗净的大白菜放入坛内，码一层白菜撒一层精盐，放完后洒少许凉开水，压紧后，上面压重石。5天后捞出沥干水。

（3）调料：将香菜末、萝卜丝、酱油、味精和辣椒粉调拌均匀，并夹在白菜中，然后放入坛中，置于阴凉处，酱渍3天后即成。

3. 制品特点

本品清香鲜辣，为朝鲜风味。

（十）虾酱辣白菜

1. 原料

大白菜5千克，胡萝卜和精盐各500克，大葱和虾酱各100克，生姜50克，大蒜和辣椒粉各150克，香菜250克，味精15克。

2. 制作方法

（1）预处理：选择重1千克左右的满心大白菜5棵，去须根，除黄帮烂叶，洗净后入坛。

（2）盐渍：放一层白菜撒一层盐，装完后洒入少许凉开水，上压重石。1～2天后，盐水淹没白菜，再腌3～5天，取出，用清水洗净，沥干水，放入菜盆中。

（3）配调料：将胡萝卜、大葱和生姜分别洗净后，切成细丝，大蒜捣成蒜蓉，香菜洗净，切成碎末。将胡萝卜丝放在盆中，撒少许盐，稍腌后加入辣椒粉、虾酱、香菜末、味精、葱、蒜和姜等搅拌均匀。

（4）夹料、入坛、酱腌：将调配料均匀地夹在白菜叶中，装入坛内，层层交错，层层压紧，上面盖一层白菜帮，压上重物，放在阴凉处或埋入地下露出坛口。2～3天后，倒入一些淡盐水，严密封口，酱腌20天左右即成。

3. 制品特点

本品脆嫩可口，生津开胃，鲜香微辣。

（十一）果味白菜

1. 原料

大白菜 5 千克，精盐 400 克，白糖 300 克，苹果、菠萝各250 克，大葱、鲜姜和大蒜各 50 克，味精 3 克。

2. 制作方法

（1）预处理：将大白菜去老帮后，洗净沥干，切成三棱条块，放入坛内。

（2）盐腌：用精盐加适量凉水煮沸，晾凉成盐水。将此盐水倒进坛中，淹没白菜，压上重物腌 2 天后，捞出沥干盐水。

（3）打浆、调味、腌渍：将苹果、菠萝、大葱、大蒜和鲜姜均去皮洗净，捣成浆泥状，撒入白糖和味精拌匀，抹在白菜叶双面上，放入坛内，封严坛口，腌渍 15 天后即成。

3. 制品特点

本品色泽浅黄，质地脆嫩，果味香浓。

（十二）咸甘蓝

1. 原料

甘蓝（又名包菜）20 千克，食盐 2.4 千克。

2. 制作方法

（1）选料：选用结球坚实、叶色浅绿、质地脆嫩、无腐烂、无虫害的新鲜甘蓝为原料。

（2）预处理：将甘蓝的老叶、黄叶和烂叶剥去，并削除外露的短缩茎，用清水洗净，控干水分，再将甘蓝球切成 2 瓣。

（3）盐腌：将切半的甘蓝菜心向上放入缸内，按原料配比，码一层甘蓝撒上一层食盐，并逐层压实。装满缸后，在甘蓝表面

压上干净石块，进行盐渍。

（4）倒缸：盐腌后，每隔1天倒缸1次，连续倒缸3～5次。每次倒缸后，都要将菜压紧，并压上石块，腌制20天左右，即可为成品。

3. 制品特点

本品呈浅黄绿色，质地脆嫩，味道咸鲜。

（十三）酱包菜丝

1. 原料

咸甘蓝5千克，面酱1.5千克，酱油0.8千克，鲜姜50克。

2. 制作方法

（1）预处理：将咸甘蓝切成细丝，放入清水中浸泡2小时，中间换2次水。待稍有咸味时便捞出沥干水分，分装入干净布袋中。

（2）酱渍：将布袋投入盛有酱油、面酱和鲜姜的坛中，搅拌均匀，每天翻动2～3次，酱渍6～7天左右即成。

3. 制品特点

本品色泽深黄，菜丝整齐、清脆、味美适口。

（十四）甜酸甘蓝

1. 原料

咸甘蓝10千克，姜0.1千克，白糖1千克，白酒20克，柠檬酸10克。

2. 制作方法

（1）脱盐：将咸甘蓝坯捞出，控干盐卤，切成宽为1厘米的细丝，用清水漂洗2次，榨压出40％的水分。

（2）糖渍：先将姜洗净剁成姜末，再按原料配比将姜末、白糖、白酒和柠檬酸等调料与甘蓝丝混合在一起，翻拌均匀后装入干净的缸内。每天翻动 1 次，2～3 天后即为成品。

3. 制品特点

本品色泽浅黄，质地脆嫩，甜酸可口。

（十五）紫油桂花包菜

1. 原料

咸甘蓝 5 千克，酱油 2.2 千克，白酒 0.15 千克，白糖 50 克，桂花 15 克，味精 5 克。

2. 制作方法

（1）改刀、脱盐：将咸甘蓝坯切成盘丝形状，周身旋割成深斜刀口。放入清水浸泡 1 小时，中间换水 2 次，待菜尚有淡淡咸味时，即可捞出沥干水分。

（2）晾晒：将沥干水分的甘蓝丝置于阳光下晾晒，不断翻动，当表面出现皱纹时收起。

（3）酱油渍：将晒干的甘蓝丝和刚烧沸的酱油趁热投入坛中腌渍 3 天。

（4）晒制：捞出甘蓝丝，沥干酱油，并置阳光下晒至六七成干，再置阴凉处软化后入坛。

（5）调味、酱渍：加入桂花、白酒、白糖、味精和酱油调成的调味液，密封酱渍 10 天左右即为成品。

3. 制品特点

本品色泽深褐，有桂花清香，质脆爽口。

（十六）保鲜甘蓝

1. 原料

鲜甘蓝。

2. 制作方法

（1）选料及预处理：选择新鲜甘蓝，去黄叶、烂叶，用通心

机去中心柱。

（2）切分：用机械切成条或切碎成块，条和块大小可随要求而定。

（3）清洗：将切分后的甘蓝清洗干净，装入塑料箱。

（4）真空预冷：将塑料箱送真空预冷装置预冷。

（5）包装：将预冷后的甘蓝用乙烯塑料袋定量包装（也可采用抽真空包装，真空度为 0.03 兆帕），然后再装入塑料箱。

（6）冷藏或运销：根据需要将塑料箱冷藏或运销，冷藏、运销的温度控制在 0℃～－1℃。

3. 制品特点

本品为轻度加工蔬菜，较完整地保持了甘蓝的生鲜状态和营养价值，食用方便。

（十七）咸椒香雪菜

1. 原料

生雪菜（即雪里红）5 千克，精盐 800 克，花椒 30 克。

2. 制作方法

（1）预处理：将生雪菜去根和黄、烂叶后，洗净，沥干水分。

（2）椒盐渍：将沥干水的雪菜交错平铺在一干净菜坛内，撒一层花椒盐（即先将精盐与花椒拌匀在一起），平铺一层雪菜，直至将雪菜装完，最上面多撒一些花椒盐。每层压紧压实。

（3）翻坛、腌渍：第二天翻坛 1 次，以后每 2 天翻动 1 次，以散发其辛辣味，并使菜均匀入味，变脆变鲜。腌渍半个月后即可食用。

3. 制品特点

本品色泽翠绿，质脆味鲜。

（十八）潮州酸芥菜

1. 原料

叶用芥菜 10 千克，食盐 1.3 千克。

2. 制作方法

（1）选料：选用叶片肥厚、质地鲜嫩、无病虫害的新鲜叶用芥菜为原料。

（2）预处理：将芥菜摘除老、黄、烂叶及叶柄，削除根须，用清水洗净泥沙和污物，并控干水分。然后将大棵芥菜由根部切分为两半，在通风向阳处，挂在绳子上进行晾晒，去除部分水分。

（3）初腌：将处理好的芥菜与食盐按 10∶（6～8）的比例，按码一层菜撒一层食盐的顺序装入坛内进行腌制。装菜时，应层层压实，装满后压上重物，以利于乳酸发酵。

（4）倒坛、复腌：盐腌 5～7 天后，进行倒坛，即将初腌的芥菜逐层翻倒入另一干净的坛内，与此同时分层撒入配料中剩余的食盐。倒坛时，同样注意码菜时应层层压紧，最后在上面压上重物，灌入初腌卤水，并使菜卤淹没菜料。

（5）发酵：装好坛后，密封坛口，盖好盖，在坛沿灌满凉开水，再将坛置于空气流通处进行自然发酵。1 个月左右，即可成熟为成品。

3. 制品特点

本品色泽呈浅褐绿，质地柔脆，酸咸适口。

（十九）香辣脆芥菜

1. 原料

鲜芥菜 2 千克，小葱 900 克，胡萝卜 1 千克，姜 30 克，大蒜 130 克，大葱 100 克，辣椒粉 300 克，糯米糊 120 克，芝麻、

红辣椒和精盐各适量。

2. 制作方法

（1）选料：选发红、质量较好的芥菜为原料，去叶留梗。

（2）原料预处理：将芥菜梗择洗干净，切成片后，放入盐水里腌3小时左右；将小葱和胡萝卜去杂洗净，沥去表面水分，将小葱切成2厘米长的段，胡萝卜横切成片；将葱、姜和蒜切成末。

（3）制调料汤：将切好的葱、姜、蒜蓉、芝麻和辣椒等放入糯米糊（即用水将糯米粉冲稀，再放到锅里烧成糊状）中，并加入适量的精盐及凉开水，制成调料汤。

（4）拌料：将腌好的芥菜片捞出漂洗后，沥去水分，放入调料汤里，加入小葱和胡萝卜、红辣椒，搅拌均匀。将芥菜片与小葱段、胡萝卜片按以后每次食用量搭配着捆成小捆，整齐地码在坛内，将剩下的汤汁一起倒入坛中。

（5）腌制：封盖腌2～3天即可随时取出食用。

3. 制品特点

本品味辣可口，脆嫩鲜香。

（二十）四川榨菜

1. 原料

青菜（即芥菜）头100千克，食盐16.5千克，辣椒粉1.1～1.25千克，花椒30～50克，香料粉0.12～0.2千克（八角45%、干姜15%、山奈15%、桂皮8%、甘草5%、白胡椒5%、砂仁4%、白芷3%，按配比，将各种配料磨成细末，混合均匀即可）。

2. 工艺流程

选料→分类→划块→串菜→上架晾菜→下架、去根剥皮→初腌→翻池→二腌→修剪→盐水淘洗→压榨→拌料→装坛→封口→

后熟→成品

3. 操作要点

（1）选料：选用质地细嫩紧密、皮薄、粗纤维少、菜头突起部凹沟浅小、圆形或椭圆形、中等个的新鲜青菜头为原料。采收期以块茎已膨大，薹茎即将抽出时的做原料最好。剔除抽薹、有棉花包和腐烂的菜头。

（2）分类：由于青菜头的品种复杂，栽培和环境各异，故其个体形状、单个重量、皮的厚薄等都有较大差别。这给加工，如风干脱水、盐分渗透等均带来困难，因此必须分类处理。

（3）划块：先削除青菜头上的菜叶，切去叶丛和菜根，并剥除根茎部的粗皮老筋，然后根据菜头重量的大小进行分类划块处理。基本分类处理情况如下：

①菜头单体重量为 200～300 克的，可从根部直拉一刀深及菜心，但不划开，整个加工；

②菜头单体重量为 300～500 克的，可齐心对剖为两块；

③单体重在 500 克以上的，应竖划成 3～4 块，做到大小基本一致。竖划老嫩兼顾，可使菜块青白齐全均匀，呈圆形或椭圆形，使菜块晾晒时干湿均匀，成品整齐美观。

（4）串菜：用聚丙烯绳或篾丝，将剥划好的菜块根据大小分别穿串。穿菜时将菜块的青面对白面，使白面顺着一个方向排列。为了不损伤菜身，在砍菜时，可稍留一寸长根茎穿篾。每条绳、丝长约 2 米，穿菜块 4～5 千克。

（5）上架晾菜：先搭架，菜架应搭在地势平坦宽敞、风向风力好的地方，使菜架各部位都能受风吹透。菜架可由檩木和绳组成，顺风向搭成"X"形长龙，在"X"架的两侧进行搭菜晾晒。每 50 千克菜约需搭架 6.5～7 叉菜架。大块菜搭在架顶，小块菜晾在架底，架脚一般不要摊晾菜串。注意应将菜块的切面向外，背向内，使其上下交错，疏密一致。搭菜时，有意留出风窗，以利于通风，依靠自然风力脱除水分，这种脱水方法称为"风脱水"。在风力为 2～3 级的情况下，一般晾晒 7～8 天即可。

（6）下架：将晾晒的菜块脱水到用手捏菜块，感觉菜周身柔软，无硬心，表面皱缩，不干枯，无霉烂斑点时，即可下架。下架时应将先晾晒的菜块先下架，后晾晒的后下架，做到干湿均匀，适时下架。

（7）去根剥皮：砍掉过长根茎，剥尽茎部老皮。

（8）初腌：下架菜块必须当天下池，防止堆积发热。头腌每 100 千克菜块需用盐 4 千克，将其拌和均匀，下池，层层压紧排气，早晚追压，用盐量要下少上多。初腌一般需 3 天左右。

（9）翻池、二腌：分层起池，调整上、下、中、边的位置。二腌用盐 7％～8％，拌和揉搓须均匀。二腌约需 7 天以上，保证盐分进入菜中，防止菜变酸。

（10）修剪：用剪刀挑尽老筋、硬筋，修剪飞皮菜匙、菜顶尖锥，剔去黑斑、烂点和缝隙杂质，防止损伤青皮、白肉。修整时，再次剔出混入的次级菜。

（11）盐水淘洗：当天经修剪整形的菜头必须当天用清盐水仔细淘洗 3 次，以除去菜块上的泥沙和污物。

（12）压榨：将经淘洗的菜坯用压榨机榨除水分。压力均匀，压榨后菜头含水量应控制在 72％～74％，制成榨菜坯。

（13）拌料：下榨的榨菜坯必须晾干明水，以免料面稀糊。按每 100 千克榨菜坯添加食盐 4.5～5.5 千克、辣椒粉 1.1～1.25 千克、混合香料粉 0.12～0.2 千克、花椒 30～50 克的比例，先将各种调味料混合在一起，均匀地撒在菜坯上，再充分翻拌，使每一块菜坯上均能粘满调味料。

整个加工过程（包括初腌、二腌、拌料），用盐量以 16.5％ 为准，成品含盐量在 12％～14％。

（14）装坛：选择两面上釉、无砂眼、无缝隙的菜坛，用清水刷洗干净，控干水分。坛子的容量一般以装菜 35～40 千克为宜。将经拌料调味的菜坯分 5 次装入菜坛。每次装菜后，要层层压紧，用力均匀。头层装入 10 千克，二层 12.5 千克，三层 7.5千克，四层 5 千克，五层 1～1.5 千克。装时，用手摆成向外的环形，填塞孔隙并压紧。注意不要捣烂菜块和坛子。直到压出卤水，装满后，在坛口菜面上撒一层红盐（即用细食盐 10 千克加红辣椒粉 2.5 千克配成）。

（15）封口：选用预先经盐腌的长梗菜叶，拌和香料粉，交错摆放在红盐表面进行封口。封口菜叶每坛不少于 1 千克，以保证坛口清香，严防菜坯霉烂变质。

（16）后熟：将封口的菜坛放在阴凉干燥处储存后熟。一般榨菜后熟期约为 2 个月，良好的榨菜则需 1 年以上。在后熟期间，每隔 1～1.5 个月，则要敞开清理检查 1 次，并追压卤水，称之为"清口"。一般经清口 2～3 次以后，则可用水泥封口，即为成品。

4. 产品特点

本品色泽鲜艳，红绿相间，肉质呈淡黄色，块头均匀，质地脆嫩，味道鲜美、清香、微咸可口。

（二十一）排冬菜

1. 原料

鲜排菜（雪里红）50 千克，食盐 1.25 千克，茴香 25 克，精盐 1.25 千克。

2. 工艺流程

选料→预处理→盐渍→上榨→拌料→装坛、密封→成品

3. 操作要点

（1）选料：以选用细叶鲜排菜为最好。在采收季节上，冬菜优于春菜。以茎叶青绿、肥壮、质嫩、未抽薹、无黄叶者为宜。

（2）预处理：先将生排菜削去老苋，去掉黄叶，抖去泥沙；再将嫩苋直剁成条状，并将菜茎叶切成 3.3 厘米长，放缸内用清水洗净泥沙，沥干转入另一缸。

（3）盐渍：码一层菜撒一层盐，逐层压紧或踩紧（用穿了专用工作鞋的脚踩菜），至踏出深绿色菜汁为止；然后用干净石头压紧，冬季可压放 24～48 小时，春季只需压放 12～24 小时即可（注意防止菜叶转黄）。

（4）上榨：压缸后取出上木榨（或榨汁机榨干）。第一次榨 10～12 小时后松榨，将菜取出耙散；再放缸内榨第二次，要榨至每 100 千克鲜排菜冬季得到成品 18～20 千克，春季得到成品 14～16 千克（如第二次还未榨成标准干度，则需再榨第三次）。

（5）拌料：榨好后，放到篾（或木）盘内，将成块状的扯散，拣去老梗黄叶，按配比拌入精盐、茴香粉，揉拌均匀。

（6）装坛、封口：装入小口坛压紧，密封即成。

4. 产品特点

本品呈青绿色，味道新鲜，营养成分超过脱水叶类菜，是湖南长沙的老传统产品。它不仅是做豆腐脑汤、馄饨、面条等早餐的不可缺少的作料，也可做蒸肉的辅料，更可成为长年缺少蔬菜的山地矿区的桌上珍品。

（二十二）紫油菜花

1. 原料

菜花 5 千克，酱油 8 千克，精盐 1 千克。

2. 制作方法

（1）预处理：将菜花掰开，用清水洗净后沥去水分。

（2）盐渍：按一层菜一层盐的顺序放入坛中腌渍，待有咸味后取出，放入清水中洗 2 遍后，捞出，沥干水分。

（3）酱渍：先将酱油煮开后，晾凉，倒入干净坛内，加入菜

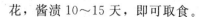

花，酱渍 10～15 天，即可取食。

3. 制品特点

本品色泽红褐，质地嫩脆，美味清香。

（二十三）惠州梅干菜

1. 原料

洞菜（为芥菜的一变种，又名河背菜）100 千克，食盐 21 千克。

2. 工艺流程

选料→采收、晒菜→切分、再晒→腌制→揉压→倒缸（或踩压、转池）→第三次晾晒→包装→成品

3. 操作要点

（1）选料：选用茎叶粗壮、叶片宽、叶色浓绿、菜梗肥嫩且略带白色的矮脚种新鲜洞菜为原料。

（2）采收、晒菜：一般要求在春节前加工完毕。于早晨收割后除掉根须和烂叶，平摆在田间晾晒 2 天左右。中间将菜棵翻转 1 次，使水分蒸发约 20％。

（3）切分、再晒：将菜对半切开（或去叶留心，分别制作），再晒。先将切面向上摆放在通风向阳处晒；当晒至菜叶由深绿色变为浅绿色，菜梗收缩起皱时，将菜上下翻转 1 次，切面向下继续晾晒，直到晒至半干。一般晾晒 2～3 天即可制成干菜坯。

（4）腌制：将干菜坯与食盐按比例入缸（或入池）进行腌制。先在底面撒上一层薄盐，然后排菜，菜棵剖面向上，上一排菜头压着下一排的菜叶，一层菜一层盐，按菜重 18％～20％ 落盐，均匀撒布。排 1～2 层菜后，就用圆头木棒轻轻揉压（或用穿了工作鞋的脚轻踩），尽量排出菜间空气，直到菜体湿润出水，食盐溶化，菜由淡黄色变成青绿色，再装另一层菜。最上一层剖面朝下，撒放较多的盐盖面。揉实（或踩实）菜后，铺上竹箬，

173

压下重石，进行腌制。

（5）揉压、倒缸（踩压、转池）：腌制第二天，取出石块，用木棒对菜体进行揉压（或脚踩），直至压出的菜水漫过菜面约1厘米时，压上石块腌制。第三天仍重复第二天工作。3天后，菜层出水下陷，此时便可将菜捞起，进行倒缸（或转池）。倒缸时的装缸方法与初腌制时相同，但不加盐，装满缸（池）后，把原缸（池）的盐卤全部倒入，压上石块腌制。次日仍用木棒揉压（或脚踩）1次，至菜转色（由绿转暗绿或黄绿）和腌液漫过菜2厘米时，再压石腌制1天。

（6）第三次晾晒：将腌好的咸菜坯放入竹筐内，沥去盐卤。然后将菜坯切面向上，摆放在苇席上，置于向阳通风处，晾晒4～5小时。当菜体表面没有水分时，进行翻倒，继续晒制。晚上收起堆放在室内地面铺的稻草上，使菜坯均湿回软。第二天早晨仍进行晾晒，如此昼晒夜收2～3天，至手轻轻握菜沙沙发响而不碎即可。一般每100千克鲜菜，可制成梅干菜25千克左右。

（7）包装：用乙烯袋防潮包装，销售可包装为250克、500克等不同成品规格，再用纸箱外包装。可储藏3～4个月，也可用PA/PE复合袋抽真空包装延长储藏期。

4. 成品特点

本品是广东惠州一种传统的名特半干态酱腌菜制品。其产品色浓，呈黄褐色，有光泽，质地柔软，气香味鲜，口感脆嫩，有多种食用方法，特别是梅干菜扣肉，能解油腻，爽口，风味独特，深受人们喜爱。

（二十四）速冻花椰菜

1. 原料

新鲜花椰菜100％，柠檬酸0.2％，异维生素C（异抗坏血酸）0.2％，氯化钙0.2％，食盐2.5％。

2. 工艺流程

选料→去叶→浸盐水→漂洗→切小花球→护色→包装、预冷→冷藏或运销。

3. 操作要点

（1）选料：选用鲜嫩洁白，花球紧密结实，无异色、斑疤，无病虫害的新鲜花椰菜为原料。

（2）去叶：用刀修去菜叶，并削除表面少量霉点、异色部分。

（3）浸盐水：置于 2％～3％ 的盐水溶液中浸泡 10～15 分钟，以驱净小虫为原则。

（4）漂洗：用清水漂洗盐分，漂净小虫体和杂质污物。

（5）切小花球：先从茎部切下大花球，按成品规格认真进行，勿损伤其他小花球，茎部切削要平正。小花球直径 3～5 厘米，茎长在 2 厘米以内。

（6）护色：将切分后的花椰菜投入 0.2％ 异维生素 C、0.2％ 的柠檬酸、0.2％ 的氯化钙混合溶液浸泡 15～20 分钟。

（7）包装、预冷：将护好色的原料捞起沥去溶液，随即用 PA/PE 复合袋抽真空包装，真空度为 0.05 兆帕，接着送预冷装置预冷至 0℃～1℃。

（8）冷藏或运销：将预冷装箱后的产品冷藏或运销。冷藏、运销温度控制在 0℃～1℃。

4. 产品特点

本品呈白色或乳白色，无霉点、褐斑；具有本品应有滋味及气味，无异味；花球鲜嫩、紧密、结实、整齐。

九、水生蔬菜制品

（一）咸莲藕

1. 原料

鲜莲藕、食盐、食用钾明矾（0.1％）、柠檬酸（3％）。

2. 制作方法

（1）选料：挑选小头直径为 2 厘米以上的新鲜莲藕，剔除烂、病藕和孔中已被河泥污染的藕段。

（2）预处理：先用清水冲洗去泥污，并在水泥池中洗净；再用不锈钢刀具削去藕皮和藕节，削皮的深度以不露出藕孔为度；去皮后，再在池中用净水洗涤。

（3）切段（片）：根据莲藕的直径大小，按产品规格等级要求，将其切成相应的藕段或藕片。无论手工还是机械操作，刀具都必须是不锈钢制成的。

（4）第一次腌制：先配制饱和的食盐水（通常在 100 毫升食盐水中溶入 36 克食盐即达饱和，成为饱和食盐水），并加入 0.1％的食用钾明矾和 3％的柠檬酸，充分搅拌溶解。如使用粗制食盐，则盐水需用双层纱布过滤去杂。然后将切好的藕段（片）用盐水浸没，进行腌制。在腌制过程中，盐液的浓度很快下降，大约 12 个小时以后，盐液浓度基本稳定，第一次腌制结束。

（5）修削：将藕段（片）捞出，如有个别段（片）表面出现黑斑，则用刀具进行修削处理；但修削面积不得超过总面积的

30%，不得暴露出藕孔。

（6）第二次腌制：先配制 22% 的食盐溶液，加入 0.1% 的食用钾明矾，并用柠檬酸调节 pH 值至 2.5～3.0；将经过第一次腌制后的藕段（片）放入新配盐液中，以浸没为准，进行第二次腌制。腌制时间随环境温度的变化而异，一般在 30 小时左右。当盐水浓度稳定在 18%～22%，pH 值稳定在 3.0～4.0 时，则腌制结束。

3. 制品特点

本品呈乳白色，具莲藕应有的风味，去皮干净，切段（片）均匀整齐，无伤斑，无异味，无气体产生，无杂质，盐水澄清。藕段（片）外表光滑，完整，大小一致，厚度均匀。

（二）莲藕脯

1. 原料

鲜藕 10 千克，白砂糖 4 千克，食盐 1.8 千克。

2. 制作方法

（1）预处理：将鲜藕用清水浸泡，除去污泥，再漂洗干净。用不锈钢刀切去藕节及藕梢，刮去藕皮，切成厚 5 毫米左右的片。然后，用清水迅速漂洗 2 遍。

（2）腌制：在缸（坛）底薄薄地铺一层盐，然后码一层藕片撒一层盐，装至满缸（坛）。每隔 2～3 小时转缸（坛）翻藕 1 次，灌入原卤。待食盐完全溶解后，每天早晚各转缸（坛）翻藕 1 次。7 天后并缸（坛），压紧，灌入 22% 浓度的盐水，储存备用。

（3）脱盐：将咸莲藕坯用 3 倍清水浸泡 2 小时，捞出沥尽，再用 3 倍清水浸泡 2 小时。反复多次，至藕片中含盐量下降到 1% 以下为止（口尝微咸即可）。

（4）煮制：用不锈钢锅或铁锅做容器，将藕片加入 1.5 倍的

清水，加热至 100℃后，煮 15 分钟，捞出沥尽水分。

（5）糖制：先将 1.3 千克白砂糖和适量的清水置于夹层不锈钢锅中，加热至溶解。用柠檬酸调整 pH 值至 2～2.5（用 pH 试纸测即可）；加入莲藕片，继续加热至 103℃，保持 20 分钟，捞出冷却。再在残留的糖液中补加 1.3 千克糖，加热至溶解后，调整 pH 值至 2～2.5；加入冷却的藕片，继续加热至 112℃，保持 20 分钟，捞出，沥尽糖液，再加糖煮一次。

（6）干燥：将糖制藕片置入上下通风的竹匾中，放进 45℃恒温室干燥。每隔 3～4 小时将每块藕片上下翻动 1 次，勿使粘连，直至藕片含水量为 18％～20％为止。

（7）包装：将干燥莲藕脯密封包装，即为成品。

3. 制品特点

本品颜色洁白，无黄斑及其他杂色，无焦糖气，甘甜不酸，块片整齐，不粘连，质地硬脆。

注意：含水量一定要达到 18％～20％；糖制温度要达 112℃。

（三）甜酱藕片

1. 原料

鲜藕 10 千克，食盐 2.5 千克，甜面酱 7.5 千克。

2. 制作方法

（1）选料：选用鲜藕（或已腌制为成品的咸藕坯）做原料，选用甜度高的新鲜甜面酱为辅料。

（2）清洗：将鲜莲藕切去藕节，洗净淤泥和污物，控干表面水分。

（3）盐渍：将清洗后的鲜藕与食盐按一层藕一层盐的顺序装入缸（坛）内，进行盐渍，每层适量洒些清水。装满缸（坛）后，在表面上再撒满一层食盐。3～5 天后压上石块，盐渍 20 天左右。

（4）脱盐：将咸莲藕坯切分成厚0.2厘米的扇形小片，放清水中浸泡脱盐。浸泡时间大约为24小时，中间换水2~3次。待藕片略有咸味时，捞出控干水分，也可置阴凉处阴干2天。

（5）酱渍：然后把藕片装入酱袋内，放入甜面酱中进行酱渍。每天翻动、捺袋1次。一般酱渍10~15天，即可为成品。

3. 制品特点

本品色泽酱红，质地脆嫩，甜咸可口。

（四）酱糖藕片

1. 原料

鲜藕10千克，甜面酱20千克，白砂糖1.5千克。

2. 制作方法

（1）预处理：选用鲜藕，洗去污泥、杂质后，再切成厚3.5~4.0毫米的片。放入水中浸泡，脱去淀粉，换3~4次水。

（2）装袋、沥水：将脱去淀粉的藕片装入洁净的布袋中，控净浮水。注意操作时要轻拿轻放，防止破碎。挂袋沥干水分后，直接入酱缸（坛）中酱渍。

（3）酱渍：每10千克藕片用新甜面酱20千克浸泡在缸（坛）内，每天打耙3~4次，使酱袋上下翻动，便于藕片吸收酱汁、入味。经过20~30天即可出缸。

（4）拌料：每10千克酱藕片可加入白砂糖1.5千克。先将白糖在锅中化成糖水，待放凉后，浇在酱藕片上即为成品。

3. 制品特点

本品有酱香和酯香的浓郁味，紫红色，有光泽，脆嫩可口。

（五）糖醋藕片

1. 原料

鲜莲藕 10 千克，食盐 0.5 千克，白糖 4 千克，食醋 3 千克。

2. 制作方法

（1）预处理：选肥大的藕，清洗干净，去皮后，切成三角形或扇形，放入盐水中，防变色。

（2）糖醋渍：先将糖和醋混合，置于不锈钢锅中煮沸。待冷却后，倒入装有藕片的缸（坛）中，进行糖醋浸渍 3～4 天。中间倒 2 次缸即为成品。

3. 制品特点

本品色泽棕红，酸甜爽口。

十、食用菌制品

（一）盐水蘑菇

1. 原料

鲜蘑菇、食盐。

2. 制作方法

（1）原料采摘：采摘蘑菇需做到"三轻"（轻采、轻放、轻运），"三分"（分级采菇、分级加工、分级出售）和"三及时"（及时采菇、及时运送、及时加工）。采菇前 8 小时，不能喷水，以保证菇体不受损伤，不开伞变质，保证菇体色泽正常。

（2）漂洗：采菇后 1～1.5 小时内，用浓度为 0.6％ 的盐水浸泡、漂洗。注意盐水浓度绝对不要超过 0.6％，否则菇体会发红、变黑。

（3）杀青：将漂洗干净的蘑菇捞起沥干水，然后放进不锈钢锅或铝锅中，用 100℃ 水煮熟。放菇入锅时，要求炉内火要大，还要用木棒或铝丝勺快速翻动锅内菇体，使其受热均匀。放进锅里的蘑菇数量要适中，以全淹于水中为宜。锅内出现的泡沫要及时捞出弃之。煮 15～20 分钟，总之，以菇体煮熟为标准。

（4）冷却：将经杀青的菇体及时捞出，放入冷水中进行冷却，应全部沉底。

（5）定色：将冷却的菇体放入定色盐水中腌 3～5 天，使菇体逐渐变成黄白色。

定色盐水的配制：将食盐放入沸水中溶解，浓度为 15％～

16％，冷却，过滤除去杂质，定色盐水浓度不能超过18％。

（6）腌制、储藏：将定色好的蘑菇捞起滤干，再将其转到23％～25％的饱和盐水中腌制约1个星期。注意经常检查盐水浓度和菇体颜色，以保证菇体腌制在浓度为18％以上的盐水中，低于此浓度时，要及时补加盐水以达要求。将经饱和盐水浸渍1周后的蘑菇转入18％～20％的盐水中储藏。盐水浓度一定要稳定在18％以上，并要使菇体全部浸入水中。

（7）包装：先将杂质及色泽发黑的蘑菇剔除。每箱装1袋，外加套装1只，装入蘑菇25千克，另加盐水0.5千克（以减少运输过程中的磨伤，保持色泽），然后排除袋中空气。用热合机封口，箱的底、面各加防潮纸一张，底盖用胶粘和封条纸封粘箱缝。箱外加捆纸带或塑料带2道。也可简单用塑料桶，按规格要求盛装，注意添加适量盐水。

3. 制品特点

本品保持蘑菇原有色泽和香味，食用前用清水脱盐后进行烹调，鲜香如新鲜菇。

（二）蘑菇酱菜

1. 原料

鲜蘑菇10千克，食盐1.5千克，甜面酱6千克。

2. 制作方法

（1）腌坯：将蘑菇去杂洗净、沥干，按每10千克蘑菇加盐1.5千克的比例，将蘑菇浸没于盐水中，密封腌1周。期间翻动2次，使盐分渗透均匀。

（2）酱渍：将蘑菇捞出，沥去盐水，放入清水中浸泡1天，捞出晾干，然后装入酱缸，按每10千克菇用甜面酱6千克的配比进行酱渍，温度以20℃为宜。酱渍期间每天早晨翻搅1次，10天后即可出缸。

3. 制品特点

本品呈棕红色，质地鲜嫩，味道清香，咸甜适口，既可做小菜，又可做炒菜配料。

（三）泡蘑菇

1. 原料

鲜菇 1000 克，卷心菜、芹菜、莴苣、胡萝卜、青椒各 500 克，精盐 600 克，生姜、白酒各 50 克，花椒 30 克，白糖适量。

2. 制作方法

（1）原料预处理：将上述原料中的蘑菇、蔬菜用清水洗净沥干。将芹菜去叶后切成 2～3 厘米长的小段，其他菜切成 5～6 厘米长的条。

（2）泡菜水：泡菜水以硬水为好（可保脆），在 3500 克水中加盐 600 克，在锅中煮沸后离火冷却待用。为了加快泡制速度，可在新配制的泡菜中加入少量品质良好的陈泡菜水。

（3）泡制：将蘑菇及切好的蔬菜和花椒、白酒、生姜、白糖等拌匀，投入洗净的泡菜坛内，倒入泡菜水。加盖后在坛顶水槽内加满清水封口，密封后经自然发酵 5 天左右，即可取出食用。

3. 制品特点

本品色彩斑斓，麻辣鲜香，酸咸适口。食用时可凉拌，也可加作料烹炒。

（四）糖醋蘑菇

1. 原料

鲜蘑菇 10 千克，食盐 1.8 千克，食醋 3 千克，食糖 6 千克。

2. 制作方法

（1）腌制：按每 10 千克洗净的鲜菇加 1 千克食盐的比例，将鲜菇和盐按一层菇一层盐的顺序逐层平铺腌入桶内。上面撒盐

100 克（防腐），盖竹竿后压石，24 小时后捞出沥去盐汁。再按每 10 千克菇加 0.8 千克盐的比例复腌，24 小时后即为半成品。

（2）脱盐：将半成品浸泡净水中 12 小时，中间换水 2 次，捞出沥干水汁（约 8 小时）。

（3）醋渍：装入缸中，灌入食醋，浸渍 12 小时，捞出沥干醋液（约 3 小时）。

（4）糖渍：将醋渍的蘑菇倒入干净的缸内，撒入食糖，拌匀、密封，渍 3 天后可捞出沥去糖液。

（5）糖煮：将沥出的糖液倒入大锅中煮沸，再倒入渍过的蘑菇，加盖用文火慢煮，并不时搅动，待煮沸出锅，摊凉。同时把锅内的糖液倒出凉透，再将蘑菇倒入，装入瓷容器内密封 1 个月即成。

3. 制品特点

本品色泽浅黄，酸甜适口，可做茶点、冷菜等。

（五）干态蘑菇蜜饯

1. 原料

各种新鲜食用蘑菇 10 千克，白砂糖 7 千克，柠檬酸 10 克，焦亚硫酸钠 20 克，氯化钙 50 克。

2. 制作方法

（1）选料：选择各种开伞较小，色未变黑，无病虫害，无斑疤、损伤的食用蘑菇做原料，直径宜在 15 毫米以上。采收后，切去带泥根柄，立即浸入 2% 的食盐水中。

（2）热烫：在锅中放入清水，加 0.1% 柠檬酸，调 pH 至 3～3.5（用 pH 酸碱试纸验酸度），煮沸 3～5 分钟后，将原料倒入锅，微沸 4～6 分钟，然后用冷水迅速冷却。菇柄较长的，要将柄盖分开加工；菇盖较大的要进行适当切分，使菇块尽量均匀，并剔除碎片及破损严重的菇盖。

（3）硫处理：将蘑菇放入含 0.2％焦亚硫酸钠与 0.5％氯化钙的混合液中，浸泡 6～8 小时，然后用清水漂洗干净。

（4）糖渍：取菇重 40％的白砂糖，将菇块逐层腌渍起来。24 小时后，滤出糖液，加热至沸，并调整糖液浓度达 50％。趁热倒入放有菇块的浸缸中，以浸没菇块为宜，继续糖渍 24 小时。

（5）糖煮：将菇块滤出，调整糖液浓度至 50％，煮沸后重新加入上述糖渍好的菇块，加入适量砂糖，并保持微沸状态 5～10 分钟。至糖液浓度达 65％，菇块有透明感时停止加热，连糖液带菇块移入浸缸，浸泡 24 小时后捞出，沥干糖液备用。

（6）烘制：分 2 次进行烘烤。第一次温度控制在 60℃～65℃，保持 6～8 小时，然后适当整形，进行第二次烘烤。第二次烘烤温度控制在 55℃～60℃，烘 4～6 小时，至含水量降至16％～18％，用手摸产品不黏手即可出烘房。适当回潮后，剔除杂质、发黑和煮烂的菇片，用无毒塑料袋定量包装即成。

3. 制品特点

本品表面呈金黄透明状，有琥珀光泽，甜香可口。

（六）液态蘑菇蜜饯

1. 原料

同干态蘑菇蜜饯。

2. 制作方法

（1）选料、热烫、硫处理、糖渍和糖煮都同"干态蘑菇蜜饯"。

（2）装瓶：将糖煮好的蘑菇连同汁液趁热装入洗净消毒的罐头玻璃瓶中，立即封盖。

（3）杀菌：将玻璃瓶放入沸水中处理 30 分钟，取出分段冷却即可。

3. 制品特点

本品为金黄色透明蘑菇体，菌体完整，均分在糖液中，其蘑菇重量占瓶内总重量 60％以上，酸甜适口，柔软无渣。

（七）蘑菇酱油

1. 原料

蘑菇汁 10 千克，食盐 1.75 千克，酱油 10 千克，碳酸氢钠适量，山梨酸钾、焦亚硫酸钠各 4 克。

2. 制作方法

（1）浓缩：收集上述蘑菇产品预煮时的蘑菇汁液，通过绢布过滤，进行真空加热浓缩，至折光率为 30％为止。

（2）中和：加入适量的碳酸氢钠中和，使 pH 值为 6.5 左右。

（3）加盐、杀菌：在浓缩液中，加入食盐和酱油加热搅拌，使食盐溶解，捞出浮沫，加热到 75℃杀菌。

（4）澄清：放于陶瓷缸中，静置 1 个星期以上，让微粒沉淀，澄清后即为成品。

（5）加防腐剂和包装：过滤除去沉淀，取澄清的蘑菇酱油，加入山梨酸钾和焦亚硫酸钠，搅拌使之溶解后，装入事先已消毒灭菌的玻璃瓶中，加盖密封，随食随取。

蘑菇酱油也可不加酱油，用鲜菇杀青水经一定浓缩后，直接加适量食盐和色素，再经消毒处理，就成色鲜味美的蘑菇酱油了。

3. 制品特点

本品呈酱色，具蘑菇清香，色鲜味美，油体澄清，无沉淀，无异味。用它做菜做汤，不需加味精，色香味均优于普通酱油。

（八）雪花香菇柄

1. 原料

香菇柄、食盐、石灰、柠檬酸、白砂糖、明矾。

2. 制作方法

（1）选料：选用无褐变、无霉变、香菇味浓且大小适中的菇柄。

（2）浸泡：将菇柄放入浸泡液中浸泡处理 4～5 小时，达到纤维初步软化和除去异味之目的。浸泡液配方为：食盐 1.5%，石灰 0.6%，柠檬酸 0.15%，明矾适量。

（3）切条整形：浸泡后捞出剪去蒂头，并剔除不合格的菇柄。经清水漂洗后，用压干机压去水分，使菇柄含水量在 60% 左右。再将菇柄切成长 2 厘米、厚 0.5～1 厘米的条，使其规格一致，外形美观。

（4）糖煮：配制 50% 的糖液，倒入整形后的菇条，糖液与菇柄之比为 1:1，用文火煮制 45～60 分钟。煮制过程中加入适量的白糖，至浓度达 68% 时，停止加热，浸泡 8～12 小时。

（5）烘干：煮制结束后，捞起沥干糖液。于烘盘中在 60℃～70℃ 的温度下烘 2～3 小时，至表面干燥，手捏无糖液滴出，食用时无纤维感为宜。

（6）包装：烘干后，用食品塑料袋做定量密封包装。

3. 制品特点

本品色金黄、透明，条形一致，香甜可口，无纤维感。

（九）香菇脚保健饮料

1. 原料

干香菇脚 0.6%，何首乌 0.3%，陈皮 0.2%，白砂糖 5%，甜蜜素 0.06%，柠檬酸 0.05%，磷酸 0.02%，琼脂 0.07%，羧

甲基纤维素钠 0.13%。

2. 制作方法

(1) 选料：选取优质香菇脚及何首乌，将其剪碎待用。

(2) 浸提：按量称取干香菇脚，加入 6～7 倍的温水，在 60℃～70℃的温度下浸提 5 小时；按原料百分比例称取何首乌和陈皮，加入 3～4 倍温水，在 60℃～70℃的温度下浸提 5 小时。

(3) 过滤：以绢布过滤，合并滤液。将滤液在低温 0℃～4℃下冷藏 24 小时，滤去沉淀，即得到提取液。

(4) 调配：加入各原料。注意先溶化再加入。

(5) 装罐、排气、封口：将调好的饮料装罐，加热排气后，立即封口。

(6) 杀菌、冷却：用蒸汽杀菌 15 分钟，速冷至室温（若用玻璃瓶装饮料，则杀菌后要分段冷却，否则速冷会引起炸瓶），即为成品。

3. 制品特点

本品是用出口香菇的下脚料为原料，其营养价值不亚于香菇，但价格却便宜多了。该饮料为呈均匀淡褐黄色的浑浊液，具香菇特有香味，酸甜可口、口感柔和、清爽，具有增强免疫力、乌发、抗衰老的作用。

（十）香菇酱

1. 原料

香菇 10 千克，食盐 2 千克，白糖 1 千克，生姜末 50 克，酱油 20 千克。

2. 制作方法

(1) 原料处理：将香菇洗净，去杂去蒂，沥干水。

(2) 盐腌：按一层香菇一层盐的顺序将其装坛，压紧，腌渍 2 天。

（3）煮熟：将腌好的香菇入锅煮熟，煮约 30～40 分钟。

（4）调味：向锅内放入白糖、生姜末和酱油，同香菇一起再煮沸 10 分钟。

（5）冷却、储存：煮好后，趁热装入已消毒杀菌的玻璃瓶中或菜坛中，盖严实，即为成品，随用随取。

3. 制品特点

本品为酱色半流体，醇香味美，鲜甜可口，酱体细腻，无异味，无纤维感。

（十一）香菇菌油

1. 原料

香菇或松菇、茶油（或食用植物油）、盐、辣椒粉、酱油等。

2. 制作方法

（1）杀菌：香菇、松菇等多种食用菌均可用来制菌油，最好选用一些未完全开伞的"菌宝宝"，除去杂质和变质菌，去掉菌脚。

（2）洗净：将选好的菌体清洗干净，沥干备用。

（3）油炸：将茶油（或花生油等食用植物油）放入锅中烧开。冷却至 70℃～80℃ 时，放入沥干了的鲜菇继续烧滚，至菌子卷边，停火起锅。

（4）调味、装瓶：在已清好毒的广口瓶中放入辣椒粉和食盐，还可加进酱油，将上述油和菌子一并倒入瓶内，即为味美、耐储存的香菇菌油。

3. 制品特点

本品味道极为鲜美，"菌宝宝"熟透而不枯焦，上层油清亮，为拌面或凉拌菜之最佳调料。

（十二）盐水香菇

1. 原料

鲜香菇或松菇 10 千克，食盐 2.5 千克，柠檬酸（浓度 0.2％）适量，焦亚硫酸钠 2 克。

2. 制作方法

（1）选料：选用个头均匀、不开伞的"菌宝宝"蘑菇为原料。

（2）预处理：用刀轻轻削除带泥土的菇柄，再用淡盐水（浓度 0.6％）或焦亚硫酸钠溶液（浓度 0.02％）进行漂洗，以除去菇体表面的泥土和碎屑杂物等，保持菇体洁白。

（3）热烫：将 2 千克盐溶于 20 千克水中，入不锈钢锅煮沸，放入蘑菇，微沸 10～12 分钟，以蘑菇中心煮至无白心为度。热烫目的是防止菇体变色，同时还可排除菇内气体，有利盐水渗入（热烫盐水浓度为 10％，菇与盐水比为 4：10）。

（4）冷却：预煮后，应及时用冷水冷却。冷透后捞出菇体，沥干水分。

（5）盐腌：将沥干水分的蘑菇放进 16％盐水中，腌制 3～4 天。当菇体由黄色逐渐变为黄白色时捞出，沥干盐水，再放到 23％的盐水中腌制。当盐水浓度低于 20％时，应添加食盐调整。腌制 1 周便可封缸。封缸时在菇体上加盖竹帘，并压上石块，灌足 20％浓度的盐水，使菇体完全浸没在盐水中保存。

（6）包装：将经盐腌的蘑菇捞起，沥干盐水，定量装入塑料桶内，灌注新配制的 20％的盐水（盐水中应用 0.2％的柠檬酸溶液调节 pH 值在 3.5 以下），使盐液与菇体齐平。在菇体上面再撒放一层食盐，以防止菇体变色。最后封好桶盖，即可进行运输、销售。

3. 制品特点

本品呈黄白色，质地柔韧，具有腌制菇特有清香，无异味，无杂质。

（十三）平菇饮料

1. 原料

平菇 1000 克，海藻酸钠 20 克，白砂糖 800 克，柠檬酸适量。

2. 制作方法

（1）选料：挑选品质优良的无腐败平菇为原料。

（2）清洗：洗去泥污及大部分微生物。

（3）破碎：将洗净的平菇切成小块。

（4）预煮：加入一定量的水，预煮至沸，保温 15 分钟。

（5）打浆：用打浆机将平菇捣成细粒浆状。

（6）调配：将海藻酸钠加入白糖拌匀，加热水溶化；将柠檬酸用水定容至 10 千克，倒入打浆机中，再捣碎均质 1 次。

（7）煮沸杀菌：将上述混合料煮沸 3 分钟，冷却即可饮用。

3. 制品特点

本品为乳白色溶液，有平菇特有清香，富含蛋白质、多种维生素和无机盐，具有益脾胃、促消化、降血脂等功效，对白细胞减少症、传染性肝火等亦有防治作用。

注意：脾胃虚寒者不宜多饮；糖尿病患者不宜加白糖，可用少许蛋白糖代替白糖。

（十四）小白菇蜜饯

1. 原料

小白平菇 80 千克，白砂糖 45 千克，柠檬酸 0.15 千克。

2. 工艺流程

选料→修整制坯→灰浸→水漂→热烫→回漂→糖渍→煮糖→再蜜→冷却→拌粉→筛粉→包装→成品

3. 操作要点

(1) 选料：选取八九成熟，色泽正常，菇形完整，无机械损伤，朵形基本一致，无病虫害，无异味的合格级鲜品小白平菇为原料。

(2) 修整制坯：用不锈钢刀将小白平菇脚逐朵修削平整，菇脚长不超过 1.5 厘米。

(3) 灰浸：将坯料放入 5％的石灰水中，每 50 千克生坯需用 70 千克石灰水，灰浸时间一般为 12 小时。将竹篾笆压入石灰水中，以防坯料上浮。

(4) 水漂：将坯料放入清水缸中，冲洗数次，将灰渍与灰汁冲干净，再用清水漂 48 小时。其间换水 6 次，漂净为止。

(5) 热烫：将沥尽水分的坯料放入沸水锅中，待水再次升到沸点，料坯翻转后，即捞出。

(6) 回漂：将热烫后的坯料放入清水池中回漂 6 小时，中间换 1 次水。

(7) 糖渍：先在锅里加 35 千克水，煮沸后，缓慢加入 45 千克白糖，边加边搅拌，再加入 0.1％的柠檬酸，直至加完拌匀，烧开 2 次即可停火。煮沸时，可加适量蛋清或豆浆水去杂提纯，用 4 层纱布过滤，即得浓度为 38 波美度的精制糖浆，若用折光计量，在 55％左右，pH 值为 3.9～4.5。将晾干的坯料倒入大缸，加入冷却了的精制糖浆，浸没坯料。糖渍 24 小时后，将糖液和坯分开，将分出的糖液（35 波美度）入锅熬至 104℃，再次掺入盛坯的大缸中，回渍 24 小时。糖浆量宜多，以坯料在缸内能活动为宜。

(8) 煮糖：将糖浆与坯料一起入锅，用中火将糖液煮至温度为 100℃（40 波美度）时，舀入大缸，静置腌制 48 小时。由于它是半成品，腌制时间可长达数月，如急用，至少须腌渍 24 小时后才可起缸。煮糖时，可加入 0.05％的山梨酸钾，以增强小白菇蜜饯的防腐能力。

（9）再蜜、冷却、拌粉：将新鲜糖浆（35 波美度）熬煮到温度 114℃（55 波美度），再将坯料入锅煮制。待蜜坯吃透糖液，略有透明感，糖浆温度至 114℃左右时，捞起入大盆（上糖衣的设备）。待坯料冷至 50℃～60℃时，均匀地拌入白砂糖粉（上糖衣），即为成品。

（10）筛粉、包装：筛去多余的糖粉，然后按规定规格进行包装，即为成品。

4. 产品特点

本品菇形均匀一致，体形完整，呈乳白色，饱含糖浆，滋润化渣，清香纯甜，具平菇特有风味，无异味。

（十五）草菇蜜饯

1. 原料

草菇、白糖、焦亚硫酸钠、氯化钙。

2. 制作方法

（1）选料及处理：选用体形饱满、不开伞、无机械损伤的草菇，采收后立即放入 0.03％的焦亚硫酸钠溶液中处理 6～8 小时，然后用清水漂洗干净。

（2）烫煮：将处理好的草菇投入沸水中烫煮 2～3 分钟，以杀死酶活性，防变色。

（3）冷却、硬化：捞出草菇放入冷水中冷却后，再捞起放入 0.5％～1％的氯化钙溶液中浸渍 10～12 小时，使之硬化。

（4）漂洗：硬化后用清水反复漂洗，以除去氯化钙残液。捞出沥干水后，投入 85℃热水中保持 5 分钟，再移入清水中漂洗

3～4次。

（5）浸糖：将漂洗干净的草菇放入40％的糖液中冷浸12小时。

（6）浓缩：冷却后再加白糖，使糖液浓度达60％；然后将草菇和糖液倒入不锈钢锅或铝锅中，用大火煮沸；然后用文火，煮到糖液温度达108℃～110℃，糖液浓度在75％左右即起锅。

（7）烘烤：烘房温度不超过60℃，烘制4小时左右，同时经常翻动，直至草菇表面不粘手为止。

（8）上糖衣：先将白砂糖置60℃～70℃温度下烘干，磨碎成糖粉。当草菇烘制好后，立即用糖粉（占草菇的10％）为其上糖衣，搅拌均匀。

（9）筛粉、包装：筛去多余糖粉，然后按规定进行包装，即为成品。

3. 制品特点

本品体形均一、整齐，呈乳白色、半透明状，清香纯甜，有草菇特有风味。

（十六）甘草五香黑木耳

1. 原料

干黑木耳10千克，白砂糖0.2千克，食盐0.4千克，甘草1.6千克，茴香0.1千克，丁香40克，柠檬酸24克，山梨酸钾10克，甘草粉和甜蜜素少许。

2. 制作方法

（1）原料预处理：选用无霉烂黑木耳，用水浸泡1小时，剪去根部及培养基等。清洗干净后放入1.5％的明矾溶液中，浸泡40分钟。其间应翻搅几次，捞出黑木耳，用清水漂洗干净。

（2）浸渍：先将甘草、茴香、丁香等香料用水熬煮2次，过滤，并将2次滤液合并，加入砂糖、食盐、柠檬酸等拌匀后盛入缸内，倒入黑木耳浸渍 6 小时，捞出沥干。

（3）烘晒：将沥干的黑木耳拿出摊晒或入烘房烘烤至八成干。

（4）再浸渍：再次入缸浸渍 6 小时。

（5）煮制：将黑木耳和汁液一起入锅煮制，煮沸约 15 分钟，将山梨酸钾和甜蜜素（浓度小于 0.3％）溶入其内。

（6）浸渍、烘晒：将以上黑木耳及汁液倒回缸中浸渍 4～6 小时，捞出烘或晒至八成干，再回缸浸渍，至全部汁液被吸收为止，最后一次烘晒至八成干。

（7）拌粉、包装：将甘草粉拌进已烘晒好的黑木耳中，搅匀，再筛去余粉，然后进行包装，即为成品。

3. 制品特点

本品黄中透黑，甘甜带酸，十分可口，具有益气、活血、止血、强身、抗癌和预防治疗高血压等功效。

（十七）黑木耳保健方便面

1. 原料

干黑木耳 0.2 千克，精制面粉 25 千克，鸡蛋 2.5 千克，植物油 10 千克，精制盐 0.5 千克，调味料 250 克。

2. 制作方法

（1）黑木耳提取物制备：将干黑木耳（干净的）进行粉碎，加清水 2 千克，煮沸 20 分钟，过滤后，得第一次提取液；剩下残渣再加热水 1.5 千克，再煮沸 20 分钟，过滤得第二次提取液；将两次提取液合并，加热浓缩至 1.5 千克备用。

（2）配料和面：将黑木耳提取液与鸡蛋、精盐一并倒入和面机搅均匀，然后再将面粉倒入混合均匀，再搅拌 20 分钟，使面团柔润，有弹性，然后取出。

（3）压条：将和好的面团压成面条，绕成面条圈。

（4）油炸：在锅里放入食用油，加热烧成 150℃ 左右时，放入面条炸至熟透。

（5）冷却、包装：熟透后，立即捞出冷却。冷透后用塑料袋包装，并放作料 1 包，密封即成。

3. 制品特点

本品为深黄色方便面，香酥味美，富有营养，既可干吃，也可用沸水泡食，为黑色保健食品。

（十八）木耳蜜饯

1. 原料

黑木耳 10 千克，白砂糖 7 千克，柠檬酸适量。

2. 制作方法

（1）选料：选择优质干黑木耳，剔除杂质。

（2）浸泡：用清水浸泡 2～4 小时，泡开为止，并洗净泥沙、污物。

（3）切分：将泡开的木耳用剪刀剪去蒂部，大朵的则剪成 4 厘米见方的块。

（4）糖渍、糖煮：将木耳放入浓度为 50％ 的糖液中，煮沸 10～15 分钟后，离火浸渍木耳 5～10 小时。再将木耳捞出，余下糖液上火加热，同时加糖，使糖液浓度达 60％，并放入糖液质量的 0.3％ 的柠檬酸。以大火煮沸，又加入木耳，不断搅拌，使糖液浓缩至 65％～70％。再煮 1 小时，然后捞出木耳，沥干糖液。

（5）上糖衣：将木耳冷却到 50℃～60℃ 时，与经 80～100 目筛出的白糖粉混合，拌均匀即可。可用食用塑料袋或干净瓶子盛装。

3. 制品特点

本品色泽黑亮，呈透明状，有一定韧性，酸甜适口，总糖含量在 65％左右。

（十九）银耳橙汁饮料

1. 原料

银耳 200 克，橙汁 200 克，白砂糖 160 克，柠檬酸 1.8 克。

2. 制作方法

（1）选料：选用肉质肥厚、颜色洁白且微黄、蒂头无黑点杂质的上好银耳做原料。

（2）预处理：用清水漂洗后，加 600 克软化水（烧开后没有白色钙沉垢的水）煮制约 30 分钟，使之膨胀为原体积的 3～5 倍。用高速捣碎机捣碎 2 次，再加入 1000 克水，重新捣碎均质 1 次（用家庭豆浆机即可），打成均一的浆汁液。

（3）配料：先将白糖和柠檬酸溶于 400 克热水中，然后将此糖液和橙汁一并加入银耳汁液中，兑成约 2000 克（或用毫升）溶液，搅匀，再分次入捣浆机中再搅捣一次。

（4）杀菌：入锅煮沸。

（5）装瓶：趁热装入已洗净、烫煮过的广口玻璃瓶中，封盖。倒置半小时。

（6）冷却：先自然冷却 1 小时，再入冷水桶中加快降温至室温。放入冰箱或阴凉处，随食随取。

3. 制品特点

本品为淡黄色均匀乳浊液，有橙汁香味，酸甜适口，营养丰富，清热润肺，祛暑解渴。

（二十）灵芝枣饮料

1. 原料

干灵芝 20 克，红枣 20 枚，白砂糖 160 克，柠檬酸 2 克。

2. 制作方法

（1）原料处理：将灵芝和红枣分别用清水浸泡后，清洗干净。将灵芝切成 1 厘米左右的片状，红枣切成两半，去核。

（2）煎煮：将灵芝和红枣放入瓦锅中，加适量水煮沸，改用小火慢煎约半小时，离火过滤，取出滤汁；再加入超出渣面的冷水，微沸 15 分钟后，取出汁液；渣可再加适量凉水煎煮 15 分钟，3 次滤液合并约 2000 毫升。

（3）调配、杀菌：将白糖、柠檬酸加入滤液中搅溶，煮沸 3 分钟，待冷却后，即可饮用，或装瓶入冰箱，随饮随取。

3. 制品特点

本品为棕色透明液，酸甜可口，具有滋补、健脑、强身、消炎、利尿等功效，尤其适合神经衰弱、心悸头晕、肾炎、肝炎及各种肿瘤属虚证者饮用。

欢迎选购湘科版图书

小康家园丛书

谷类食品加工法	9.0 元	蔬菜食品加工法	14.0 元
水果食品加工法	11.8 元	薯、豆及油料作物食品加工法	10.5 元

农业病虫害防治丛书

鸡鸭鹅病防治图册	15.0 元	猪病防治图册	14.0 元
花木病虫害防治图册	18.0 元	鱼病防治图册	14.0 元
牛病防治图册	15.0 元		

无公害养殖技术丛书

生猪养殖	14.5 元	鱼类养殖	18.0 元
肉牛养殖	14.5 元	鸡养殖	16.5 元
山羊养殖	15.0 元	龟鳖养殖	12.5 元
肉兔养殖	14.0 元	淡水蟹虾养殖	13.0 元
鸭养殖	13.0 元	黄鳝养殖	11.5 元

健康养殖技术问答丛书

生猪健康养殖技术问答	16.8 元	名优水产健康养殖技术问答	16.0 元
家禽健康养殖技术问答	12.0 元	观赏鱼类健康养殖技术问答	11.8 元
牛羊兔健康养殖技术问答	14.5 元	宠物健康养殖技术问答	18.0 元
淡水鱼类健康养殖技术问答	17.5 元	健康养殖与经营管理	12.8 元
特种经济动物健康养殖技术问答	10.5 元		

农业新技术普及读物丛书

雪峰乌骨鸡养殖技术	15.5 元	淡水主要养殖品种鉴别与评价	6.5 元
野葛栽培与研究利用	10.0 元	农家生态龟鳖养殖技术	6.8 元
庭院果树无公害栽培	13.5 元	农家常见禽病防治	8.0 元
湖泊养蟹技术	9.0 元	农家常见牛羊病防治	8.8 元

畜禽饲料基础与科学应用	5.5 元	常用水产饲料、渔药品质识别与	
蔬菜配送与超市经营	5.5 元	使用技术	6.0 元
高山反季节蔬菜栽培技术	5.0 元	水库生态渔业实用新技术	8.5 元
塑料大棚的类型与应用	7.0 元	优质高效山塘养鱼新技术	5.0 元
柑橘修剪新技术	8.0 元	芽苗菜生产技术	6.0 元
主要果树周年管理技术	12.0 元	畜禽养殖场规划与设计	8.0 元
优良果树新品种推介	16.0 元	家畜品种改良实用技术	13.0 元

野生动物家养系列丛书

驼鸟家养技术	7.0 元	野猪家养技术	7.0 元
孔雀家养技术	7.0 元	野鸡野鸭家养技术	7.5 元

无公害种植新技术丛书

茄果类蔬菜无公害栽培技术	8.0 元	水稻无公害高效栽培技术	8.0 元
瓜类蔬菜无公害栽培技术	10.5 元	特色红薯高产栽培技术	8.5 元
豆类蔬菜无公害栽培技术	8.0 元		

其　　他

无公害农产品认证手册	25.0 元	花木经纪指南	15.0 元
发酵床养猪新技术	25.0 元	木材材积手册	11.0 元
草业技术手册	22.0 元	实用家庭节能妙招	16.0 元

邮购须知

▲请用正楷清楚填写详细地址、邮编、收件人、书名、册数等信息。我们将在收到您汇款后的三个工作日之内给您寄书（汇款至收书约 20 天左右，节假日除外）。

▲凡邮购都可享受 9 折优惠，购书数量多者可享受更多优惠。读者一次性购书 30.00 元以下（按打折后实款计算），仅须支付邮费 3.00 元；一次性购书 30.00 元以上免邮资。

▲邮购服务热线：0731－84375808，84375842。传真：0731－84375844。联系人：曾曲龙金凤，邮箱：hnkjchs@126.com

▲邮局汇款：邮编 410008　湖南长沙市湘雅路 276 号　湖南科学技术出版社邮购部